Magda Sabbour

Os pesticidas botânicos e os seus efeitos entomológicos

Magda Sabbour

Os pesticidas botânicos e os seus efeitos entomológicos

Os pesticidas botânicos e os seus efeitos nas pragas de insectos

ScienciaScripts

Imprint

Cover image: www.ingimage.com

This book is a translation from the original published under ISBN 978-620-7-80885-4.

Publisher:
Sciencia Scripts
is a trademark of
Dodo Books Indian Ocean Ltd. and OmniScriptum S.R.L publishing group

120 High Road, East Finchley, London, N2 9ED, United Kingdom
Str. Armeneasca 28/1, office 1, Chisinau MD-2012, Republic of Moldova, Europe
Printed at: see last page
ISBN: 978-620-8-05548-6

Os pesticidas botânicos e os seus efeitos entomológicos

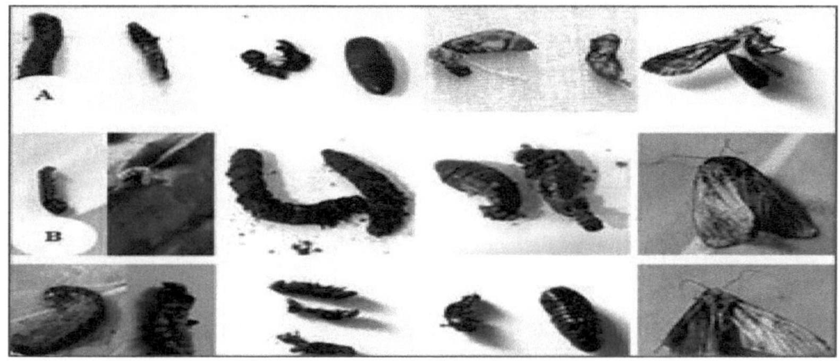

Por PROFFESOR. DR.

MAGDA MAHMOUD AMIN SABBOUR

Departamento de Pragas e Proteção das Plantas,

Instituto de Investigação Agrícola e Biológica.

CENTRO NACIONAL DE INVESTIGAÇÃO, EGIPTO, DOKKI, GIZA

33rd ElBehouse St. (Rua El-Tahrir) Dokki, Giza, Egito. (P.O. Box 12622). Fax: 002/ 33370931

Autor correspondente: Prof. Dr. Magda Mahmoud Amin Sabbour. Correio eletrónico magasabbour@gmail.com

1.Introdução

O aumento da procura de alimentos para alimentar uma população em constante crescimento levou ao desenvolvimento e à adoção de produtos químicos sintéticos como estratégia rápida e eficaz de gestão das pragas e doenças das culturas. No entanto, a dependência excessiva de pesticidas sintéticos é desencorajada devido aos seus efeitos prejudiciais para a saúde humana e o ambiente e ao desenvolvimento de estirpes resistentes de pragas e agentes patogénicos. Este facto, associado à procura crescente de alimentos produzidos segundo o modo de produção biológico, estimulou a procura de abordagens alternativas e os pesticidas botânicos estão a ganhar particular importância. Os pesticidas botânicos são eficazes na gestão de diferentes pragas das culturas, são baratos, facilmente biodegradáveis, têm modos de ação variados, as suas fontes estão facilmente disponíveis e têm baixa toxicidade para os organismos não visados. Os seus modos de ação variados são atribuídos à composição fitoquímica das diferentes plantas. Por conseguinte, podem ser incorporados em sistemas integrados de gestão de pragas e contribuir para uma produção agrícola sustentável. No entanto, os pesticidas botânicos não foram totalmente adoptados devido a desafios na formulação e comercialização, atribuídos à falta de dados químicos e de controlos positivos. Muitas publicações têm apresentado pesticidas botânicos com um interesse enviesado para a gestão de pragas de insectos. Esta revisão reúne informações sobre pesticidas botânicos, a sua composição fitoquímica e mecanismos de ação contra pragas importantes na produção agrícola. O documento apresenta também dados químicos de pesticidas botânicos selecionados, a sua biodegradação, o seu papel na gestão integrada das pragas e os desafios que se colocam à sua adoção e utilização para uma gestão sustentável das pragas das culturas.

A população mundial está a aumentar rapidamente, com um aumento estimado de 1 940 235 mil milhões de pessoas nos próximos 30 anos. Poderá atingir 9 735 034 mil milhões de pessoas em 2050, contra 7 794 799 mil milhões em 2020 **[1]**. A procura de alimentos está a aumentar devido ao rápido crescimento da população mundial. Ao mesmo tempo, a produção agrícola sofre uma perda de um terço devido aos danos causados por pragas e doenças em várias culturas e regiões do mundo **[2]**. As pragas de insectos estão constantemente a adaptar-se aos hospedeiros das culturas, constituindo uma ameaça em todas as fases da produção agrícola de alimentos **[3]**. Sabe-se também que, antes e depois da colheita, as pragas de insectos diminuem os rendimentos agrícolas em cerca de 30% **[4]**. Surpreendentemente, de aproximadamente 6 milhões de espécies reconhecidas, apenas cerca de 20-30 espécies de insectos foram consideradas pragas importantes para as principais culturas, com consequências comerciais e agrícolas notáveis **[5]**. Uma praga é qualquer animal, planta ou microrganismo prejudicial ou destrutivo para os alimentos ou a saúde **[6]**. As populações de pragas são dominantes nos ecossistemas agrícolas. As pragas de insectos não só põem em perigo as casas, os jardins e outras fontes de água, como também propagam uma série de doenças, uma vez que são hospedeiros de alguns parasitas que podem causar doenças. As pragas também podem desenvolver resistência aos produtos químicos e têm várias gerações por ano, com a fecundidade feminina a aumentar o risco de mutação genética aleatória e/ou de rápida acumulação de mutantes resistentes **[7,8]**. Os produtos de proteção das culturas, incluindo os pesticidas e herbicidas sintéticos, são utilizados há muito tempo para manter e aumentar a produção das culturas. Os pesticidas são qualquer composto ou combinação de componentes concebidos para travar, destruir, repelir ou atenuar os parasitas **[9]**. Os pesticidas são geralmente classificados com base no seu alvo, mecanismo de ação e composição química (Fig. 1) **[10]**. Além disso, os pesticidas são classificados em duas grandes categorias: pesticidas sintéticos e biopesticidas (Fig. 2) **[11]**.

Os pesticidas sintéticos são depois classificados em quatro subgrupos, enquanto os biopesticidas são ainda classificados em quatro subgrupos:

(i) biopesticidas microbianos,
(ii) protectores incorporados nas plantas,
(iii) pesticidas botânicos, e
(iv) feromonas.

Nas secções seguintes, serão abordados os pesticidas botânicos.

As culturas agrícolas estão constantemente expostas e/ou ameaçadas por pragas que afectam o seu crescimento e, posteriormente, a sua qualidade. Para proteger as culturas do ataque de pragas, os agricultores recorrem geralmente a opções rápidas de gestão das pragas, principalmente a produtos químicos sintéticos [10]. Apesar dos atributos eficazes dos pesticidas sintéticos, a sua utilização contínua tem os seus desafios, como o desenvolvimento de pragas resistentes aos pesticidas [3]. A utilização excessiva e incorrecta de pesticidas sintéticos pode resultar em efeitos nocivos para os seres humanos e o ambiente e na toxicidade para organismos não visados, tendo assim um impacto negativo na biodiversidade [3]. Os compostos constituintes dos pesticidas sintéticos têm sido atribuídos a doenças humanas crónicas, quer devido ao consumo quer à exposição [3,4. A maior parte dos pesticidas sintéticos não são facilmente biodegradáveis, pelo que se acumulam no ambiente e causam poluição do solo e das águas subterrâneas, para além da destruição da camada de ozono [4 ,5]. As desvantagens associadas à utilização incorrecta e excessiva de pesticidas sintéticos suscitaram a necessidade de opções alternativas de gestão das pragas [8].

As plantas com compostos bioactivos têm sido utilizadas para combater diferentes pragas das culturas e infecções humanas com um sucesso notável [12,13]. As flores de piretro (*Tanacetum cinerariifolium*) e o absinto doce (*Artemisia annua*) são exemplos de plantas que foram exploradas com êxito como fontes de insecticidas seguros para a gestão de pragas de insectos e vectores da malária, respetivamente [114]. A gestão de pragas utilizando produtos à base de plantas foi praticada ao longo do tempo até que a tecnologia assumiu o controlo e foram desenvolvidos pesticidas sintéticos [15] . Os pesticidas sintéticos foram imediatamente adoptados devido à sua eficácia e eficiência na gestão de doenças graves das culturas, como a ferrugem e o míldio [16]. Consequentemente, a utilização de produtos naturais de origem vegetal foi-se desvanecendo lentamente até que, recentemente, a utilização de pesticidas sintéticos começou a ameaçar a saúde humana e a segurança ambiental [17]. A tendência mundial atual é para o consumo de alimentos produzidos com produtos fitofarmacêuticos seguros e, de preferência, naturais. A deteção de resíduos de pesticidas químicos perigosos nos alimentos e a maior sensibilização dos consumidores para a segurança alimentar levaram à proibição de certos pesticidas na produção agrícola e os pesticidas de origem vegetal estão a ganhar popularidade na agricultura biológica [18], [19].

A utilização contínua de pesticidas sintéticos teve efeitos negativos como a poluição, os riscos para a saúde e a perda de biodiversidade, ao passo que a adoção de pesticidas botânicos resulta num ambiente saudável e numa agricultura sustentável [20] . A utilização de pesticidas sintéticos afectou negativamente os agricultores envolvidos no comércio de exportação, especialmente de produtos hortícolas [21]. A deteção de pesticidas proibidos ou com vestígios acima dos limites regulamentares de resíduos levou à perda de mercado e de rendimentos, tanto para os produtores como para os exportadores dos países em desenvolvimento. Por exemplo, o Alphadime® (alfa-cipermetrina +dimetoato) e o Demeton® foram proibidos de utilizar em produtos frescos para exportação [[22,223].

A importância dos pesticidas botânicos é atribuída à sua eficácia, biodegradabilidade, modos de ação variados, baixa toxicidade, bem como à disponibilidade de materiais de origem [24]. Além disso, têm intervalos curtos de pré-colheita e de reentrada. Os pesticidas botânicos normalmente utilizados são populares na agricultura biológica, em que os alimentos produzidos segundo o modo de produção biológico obtêm preços mais elevados [25]. Por conseguinte, os pesticidas botânicos estão a ganhar popularidade porque são seguros para utilização em culturas produzidas para consumo humano e, recentemente, existe um mercado lucrativo entre os consumidores dispostos a pagar mais por alimentos produzidos segundo o modo de produção biológico [26]. Há muitos estudos sobre as espécies de plantas conhecidas e ainda por explorar com propriedades pesticidas [27,28]. Exemplos de plantas que são fontes de pesticidas botânicos disponíveis no mercado incluem o piretro (*Tanacetum cinerariifolium*), o neem (*Azadirachta indica*), a sabadilla (*Schoenocaulon officinale*), o tabaco (*Nicotiana tabacum*) e a ryania (*Ryania speciosa*) [14]. Tradicionalmente, os agricultores utilizam produtos de proteção das culturas de origem vegetal na gestão das pragas pós-colheita, especialmente na preservação dos grãos durante a armazenagem.

Os pesticidas botânicos são derivados de plantas que repelem, inibem o crescimento ou matam as pragas [26]. A maioria dos pesticidas botânicos é utilizada para controlar as pragas de insectos e muitos estudos centraram-se principalmente no controlo das pragas de insectos [227], [28,29], [30], [331], [32,33], [334]. As plantas com propriedades pesticidas também possuem compostos que têm efeitos sobre os agentes patogénicos das plantas, tais como bactérias, fungos, vírus e nemátodos [33], [35], [36] , [37], [38]. Esta análise discute o lugar dos pesticidas botânicos na gestão sustentável das pragas das culturas, reunindo informações sobre a sua composição fitoquímica, os mecanismos de ação contra as pragas, os dados químicos e os desafios que se colocam à sua adoção e utilização.

2.Fontes de pesticidas botânicos

A gestão integrada de pragas (IPM) é uma abordagem que combina uma série de estratégias para alcançar uma gestão sustentável de pragas [39]. O objetivo é reduzir de forma sustentável as pragas, obter um rendimento elevado e rentável, mantendo o ambiente seguro [5]. Os pesticidas botânicos são produtos naturais eficazes contra bactérias, fungos, nemátodos, vírus e insectos pragas [40], [41], [42], [43], [44]. São altamente biodegradáveis, têm modos de ação variados, são menos tóxicos para os seres humanos, não são poluentes e estão facilmente disponíveis no ambiente [45]. Por conseguinte, são um componente essencial da gestão integrada das pragas, juntamente com outras estratégias de proteção das culturas que incluem a resistência ou a tolerância do hospedeiro, boas práticas agrícolas, a utilização de inimigos naturais, como predadores e parasitóides, pesticidas microbianos e a utilização limitada de pesticidas sintéticos seguros [446]. Esta abordagem, associada à monitorização e deteção precoce de pragas utilizando tecnologias inteligentes, como a Internet das coisas (IoT) e os sistemas de informação geográfica, permitiria uma gestão atempada, eficaz e sustentável das pragas nas culturas [23,150,160].

Os compostos pesticidas presentes nas plantas têm sido considerados eficazes contra os insectos [54], fungos [47], bactérias [48], nemátodos [49] e vírus [50]. Sales et al. [551] avaliaram a atividade antifúngica de vários extractos de plantas utilizando tinturas-mãe contra *Fusarium guttiforme* e *Chalara paradoxa*, causadores da fusariose do ananás. Os extractos de plantas inibiram o crescimento de *Fusarium guttiforme* até 46% e de *Charala paradoxa* até 29%. Os extractos de *Aloe vera, Allium sativum* e *Glycyrrhiza glabra* foram tão eficazes como o fungicida sintético Tebuconazol®. Noutro estudo, os extractos de *Azadirachta indica* e *Oscimum sanctum* inibiram o crescimento micelial do agente patogénico da murchidão do tomateiro, *Fusarium oxysporum,* até 100% [24]. *Azadirachta indica, Cerbera odollam* e *Capsicum frutescens* inibiram o crescimento do micélio de *Penicillium digitatum*, agente causal da doença do bolor cinzento nas laranjas, até 90% [9]. No mesmo estudo, *Zingiber officinale* e *Cymbopogon nardus* reduziram o crescimento do micélio de *Penicillium digitatum* até 70% *in vitro.* Os frutos de laranja tratados com *A. indica, Cerbera odollam* e *Capsicum frutescens* não apresentaram sintomas da infeção pelo bolor cinzento, o que levou a uma redução significativa dos danos nos frutos e da perda de qualidade. Jantasorn et al. [52] relataram que os extractos de frutos de *Hydnocarpus anthelmithicus* eram activos contra *Pyricularia oryzae, Phytophthora palmivora* e *Rhizoctonia solani,* e inibiam o crescimento de *Pyricularia oryzae* em 100%. Este facto torna *H. anthelmithicus* muito promissor na gestão de doenças fúngicas do arroz, levando à redução da utilização de fungicidas sintéticos. Extractos de *Tagetes patula, Sambucus nigra, Glycyrrhiza glabra* e *Equisetum arvense* a uma concentração de 10% foram eficazes contra *Rhizoctonia solani*, um agente patogénico fúngico que causa a podridão radicular em tomates, Rodino et.al. [25].

Foi demonstrado que os pesticidas botânicos, mesmo na sua forma bruta, possuem propriedades insecticidas [7]. *A Piper nigrum, a Cinnamomum zeylanicum* e *a Cinnamomum cassia* são fortes repelentes de tripes (*Megalurothrips sjostedti*), enquanto as formulações de extractos de *Piper retrofractum, Annona squamosa* e *Aglaia odorata* diminuíram a população de *Crocidolomia paronana* e *Plutella xylostella* na couve [2]. A aplicação destes extractos não teve toxicidade para os inimigos naturais das pragas de insectos [29]. De acordo com Ogah [10], os extractos de *Azadirachta indica* e *Allium sativum* diminuíram eficazmente as populações de *Maruca vitrata* e *Megalurothrips sjostedti* no feijão-frade, conduzindo a um melhor rendimento do grão. *Nicotiana tabacum, Sinapsis arvensis* e *Cardaria draba* foram testadas quanto à sua eficácia contra *Trogoderma granarium* e revelaram-se eficazes na redução das populações das pragas em grãos de trigo armazenados. *A Cardaria draba* foi muito eficaz contra as fases larvares da praga [33]. A atividade inseticida contra *Tribolium castaneum* foi exibida por extractos de *Pegaum harmala, Ajuga iva, Aristolochia baetica* e *Raphanus raphanistrum*. Os extractos actuaram interrompendo os ciclos de desenvolvimento dos insectos e inibindo a produção de descendentes F1 [53].

Os antagonistas microbianos (*Trichoderma, Paecilomyces*) e os extractos brutos de *Allium sativum, Zingiber officinale, Curcuma longa* e *Citrus limon* reduziram significativamente a população de moscas brancas e tripes, bem como a gravidade da ferrugem (*Uromyces appendiculatus*), da mancha angular das folhas (*Phaeoisariopsis griseola*) e da antracnose (*Colletotrichum lindemuthianum*) em feijões (*Phaseolus vulgaris*) [54] . Os extractos de *Allium cepa, Allium sativum, Phyllanthus emblica, Curcuma zedoaria, Calotropis procera, Azadirachta indica* e *Ocimum canum*, juntamente com estrume de vaca e sais minerais na urina de vaca, foram considerados eficazes contra as pragas do tomate, incluindo *Helicoverpa armigera,* reduziram os danos nos frutos do tomate e aumentaram o rendimento [55]. Ouma et al. [11]

relataram uma redução significativa de tripes e um aumento no rendimento de feijões snap após a pulverização de uma combinação de pesticida botânico comercial *Azadirachta indica* e *Metarrhiziam anisopliae*. O estudo indicou que era mais económico utilizar pesticidas biológicos em combinação com formulações de pesticidas sintéticos. A combinação de pesticidas biológicos e sintéticos aumentou o rendimento até 50% e reduziu a população de tripes em mais de 60%. As larvas de *Spodoptera littoralis*, uma praga polífaga do algodão, foram eficazmente intoxicadas por extractos de *Allium sativum* e *Citrus limon* e a atividade foi atribuída à redução de proteínas e lípidos no intestino médio das larvas [556]. *Tephrosia vogelli* é eficaz contra o escaravelho do pepino (*Diabrotica undecimpunctata*) e a mosca do melão (*Bactrocera curcubitae*) [16]. *Tephrosia toxicaria* é também eficaz contra juvenis da segunda fase de *Meloidogyne enterolobii* e *M.* javanica [554].

Verificou-se também que os pesticidas botânicos são eficazes na gestão das pragas pós-colheita. A imersão da banana em óleos essenciais de *Allium sativum, Copaifera langsdorfii, Cinnamomum zeylanicum* e *Eugenia caryophyllata* reduziu a antracnose (*Colletotrichum musae*) até 90% [26] (Fig. 1). Além disso, os extractos alcoólicos de árvore suicida (*Cerbera odollam*), cravinho (*Syzygium aromaticum*), mogno (*Swietenia macrophyllai*) a uma concentração de 3000 ppm inibiram o crescimento de fungos pós-colheita, *Aspergillus niger, Penicllium digitatum* e *Fusarium* sp. em 40-90% em citrinos [14]. A aplicação de concentrações crescentes de extractos de *Curcuma longa* e *Allium sativum* aumentou a taxa de mortalidade de adultos de *Tribolium castaneum*, reduziu o peso dos insectos e teve propriedades anti-mutação nas larvas, pupas e adultos [7]. Os extractos de *Eucalyptus terreticonis, Tagetes minuta* e *Lantana camara* causaram a mortalidade de adultos do gorgulho do milho (*Sitophilus zeamais*) a uma taxa de aplicação de 20 g por 200 g de grãos de milho [11].

Os exemplos acima referidos demonstram que os pesticidas botânicos podem dar um contributo significativo para a gestão sustentável das pragas das culturas nos programas de gestão integrada das pragas. A sua atividade contra uma gama variada de pragas, o seu modo de ação variado, a sua atividade em zonas agro-climáticas, estações e culturas variadas, os pesticidas botânicos podem desempenhar um papel importante na maximização do rendimento das culturas, salvaguardando simultaneamente o ambiente, a biodiversidade e a saúde humana.

Os pesticidas botânicos são derivados de plantas pertencentes a diferentes famílias e são utilizados como extractos de plantas, óleos essenciais ou ambos [58]. As partes de plantas utilizadas para fabricar pesticidas botânicos incluem cascas, folhas, raízes, flores, frutos, sementes, cravos-da-índia, rizomas e caules. A parte da planta utilizada depende dos compostos bioactivos visados e da sua abundância nessa parte específica. As famílias de plantas que têm sido referidas como tendo plantas que contêm compostos bioactivos com atividade contra pragas importantes das culturas incluem *Myrtaceae, Lauraceae, Rutaceae, Lamiaceae, Asteraceae, Apiaceae, Cupressaceae, Poaceae, Zingiberaceae, Piperaceae, Liliaceae, Apocynaceae, Solanaceae, Caesalpinaceae,* Sapotaceae [3], [44], [14]. As partes da planta são secas e moídas em pó fino e extraídas com solventes orgânicos que maximizarão a extração dos compostos visados [24]. Os extractos são então concentrados, formulados e avaliados quanto à sua eficácia em condições laboratoriais, controladas ou de campo [16] (Fig. 2). Alguns dos compostos botânicos com atividade pesticida que foram isolados e comercializados com êxito incluem a azadiractina do neem (*Azadirachta indica*) e a piretrina do piretro (*Tanacetum cinerariifolium*) [22], [59], [13]. Outras plantas com propriedades pesticidas incluem o alho (*Allium sativum*), a *curcuma* (*Curcuma longa*), o alecrim (*Rosmarinus officinalis*), o gengibre (*Zingiber officinale*) e o tomilho (*Thymus vulgaris*)

Fig. 1. Classificação dos pesticidas. Modificado de Laxmishree e Nandita [10].

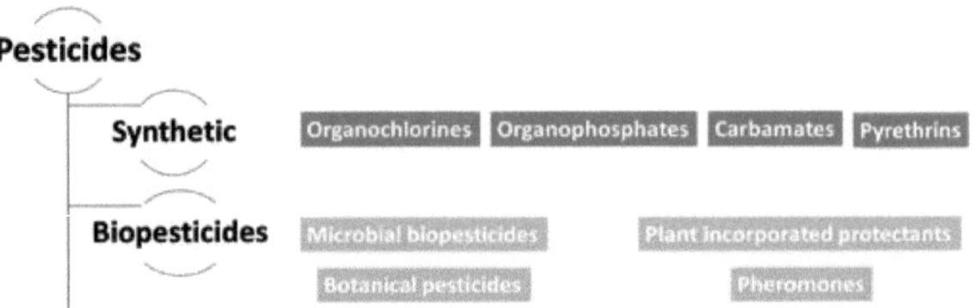

Fig. 2. Classificação dos pesticidas segundo o Council on Scientific Affairs, AMA [11].

O aumento da procura de alimentos para alimentar uma população em constante crescimento levou ao desenvolvimento e à adoção de produtos químicos sintéticos como estratégia rápida e eficaz de gestão das pragas e doenças das culturas. No entanto, a dependência excessiva de pesticidas sintéticos é desencorajada devido aos seus efeitos prejudiciais para a saúde humana e o ambiente e ao desenvolvimento de estirpes resistentes de pragas e agentes patogénicos. Este facto, associado à procura crescente de alimentos produzidos segundo o modo de produção biológico, estimulou a procura de abordagens alternativas e os pesticidas botânicos estão a ganhar particular importância. Os pesticidas botânicos são eficazes na gestão de diferentes pragas das culturas, são baratos, facilmente biodegradáveis, têm modos de ação variados, as suas fontes estão facilmente disponíveis e têm baixa toxicidade para os organismos não visados. Os seus modos de ação variados são atribuídos à composição fitoquímica das diferentes plantas. Por conseguinte, podem ser incorporados em sistemas integrados de gestão de pragas e contribuir para uma produção agrícola sustentável. No entanto, os pesticidas botânicos não foram totalmente adoptados devido a desafios na formulação e comercialização, atribuídos à falta de dados químicos e de controlos positivos. Muitas publicações têm apresentado pesticidas botânicos com um interesse enviesado para a gestão de pragas de insectos. Esta revisão reúne informações sobre pesticidas botânicos, a sua composição fitoquímica e mecanismos de ação contra pragas importantes na produção agrícola. O documento apresenta também dados químicos de pesticidas botânicos selecionados, a sua biodegradação, o seu papel na gestão integrada das pragas e os desafios que se colocam à sua adoção e utilização para uma gestão sustentável das pragas das culturas.

3. desafios na adoção de pesticidas botânicos

Apesar da existência de provas da eficácia dos pesticidas botânicos contra uma vasta gama de pragas das culturas, estes ainda não estão bem representados no mercado dos pesticidas [660]. A comercialização de pesticidas botânicos depende da disponibilidade das plantas de origem em grandes quantidades e as plantas devem ser facilmente cultivadas. As plantas de origem podem ser cultivadas para outros usos, como alimentar, medicinal, sombreamento, ornamental ou crescer naturalmente nas florestas e noutros terrenos não cultivados. O cultivo das plantas necessárias para a produção de pesticidas botânicos exigiria grandes áreas, o que constituiria uma concorrência potencial com a produção de alimentos em terras agrícolas altamente aráveis. Além disso, algumas das plantas que são fontes de pesticidas botânicos são utilizadas como alimento e os agricultores optariam, portanto, por investir nas empresas mais rentáveis, pondo assim em perigo a segurança alimentar [61]. Consequentemente, a disponibilidade de terras aráveis para a produção dos volumes necessários de pesticidas botânicos seria um fator limitativo importante. Além disso, as instalações de armazenamento e transformação das grandes quantidades de material vegetal necessárias para a produção de pesticidas botânicos exigiriam investimentos em grande escala em armazéns, tecnologia de conservação e maquinaria.

Os pesticidas botânicos também enfrentam uma grande concorrência dos pesticidas sintéticos, que são fáceis de fabricar, fáceis de formular, têm um prazo de validade longo, são fáceis de aplicar e têm instalações de produção estabelecidas [49]. A formulação de pesticidas botânicos é um grande desafio porque uma planta pode ter vários compostos activos que diferem em termos de propriedades químicas [62]. Este atributo pode, contudo, ser explorado através da combinação de várias plantas com compostos relacionados cuja sinergia seja eficaz contra as pragas [63]. Apesar da pouca ou nenhuma toxicidade exibida pelos produtos botânicos, os seus procedimentos regulamentares para uso agrícola não são diferentes dos produtos sintéticos, especialmente nos países em desenvolvimento [64,64,66,67]. O processo de registo é caro e tem uma série de barreiras, tornando os pesticidas botânicos pouco disponíveis no mercado.

Os pequenos agricultores estão pouco sensibilizados para a utilidade dos pesticidas botânicos na gestão das pragas das culturas [68,69,70], [771, 72,73,74, 75]. A aplicação de pesticidas botânicos também é ditada pelas condições climatéricas, uma vez que são facilmente degradados, especialmente se forem aplicados na sua forma bruta [76,77,78]. A biodegradabilidade dos pesticidas botânicos também reduz o seu prazo de validade [21]. Apesar da segurança associada aos pesticidas botânicos, algumas plantas com atividade antimicrobiana estão também associadas à toxicidade para um grupo de alvos não visados. Por exemplo, a rotenona, extraída de *Derris* e *Lonchocarpus*, é tóxica para mamíferos, peixes e insectos [14]. Embora *a Tephrosia* spp seja um inseticida potencial eficaz contra várias pragas, é também agudamente tóxico para os clariídeos de criação (*Clarias gariepinus*) [36,779]. A qualidade e a estabilidade dos pesticidas botânicos dependem da natureza das plantas utilizadas na preparação dos extractos vegetais, do sistema de solventes, da gama de temperaturas e do meio de armazenagem [21] , [80]. Além disso, a extração de pesticidas botânicos requer a utilização de solventes orgânicos cuja eliminação coloca problemas de poluição do ambiente [81,82,83,84,85]. Isto exige melhores métodos de extração e eliminação de resíduos. Devido aos desafios acima referidos, a maioria das empresas agroquímicas não está disposta a investir na produção de pesticidas botânicos.

4. práticas comuns utilizadas para controlar as pragas de insectos

4.1Práticas tradicionais

Existem muitas práticas tradicionais que os pequenos agricultores utilizam para reduzir as infestações de insectos nas suas explorações. Essas práticas tradicionais são também designadas por práticas culturais. Práticas culturais como a seleção do local, a rotação de culturas, a seleção de cultivares e sementes e a data de sementeira adequada podem reduzir a infestação de certas pragas de insectos [23] . Por exemplo, a infestação de afídeos no trigo e no feijão comum é reduzida pela sementeira precoce [24] e também afecta a população de Ophiomyia sp, Ophiomyia sp, Ootheca, afídeos e outros artrópodes que atacam o feijão comum no campo [25] . Além disso, [26] referiu que a plantação tardia ou fora de época conduz a uma maior infestação de larvas do caule do feijão nas explorações agrícolas de feijão vulgar. Noutros estudos agronómicos, o espaçamento entre linhas e a densidade das plantas, o controlo das ervas daninhas e a retenção do restolho foram utilizados para controlar a larva do caule do feijão [27] . Outros estudos referiram que os locais inclinados e as sebes fronteiriças que reduzem a velocidade do vento promovem a aterragem dos afídeos e afectam a distribuição dos afídeos e das espécies de Ootheca [28] . Verificou-se que o aumento da densidade de plantas de 22 plantas de feijão/m^2 para 33 plantas de feijão/m^2 reduziu a incidência do vírus do feijoeiro comum transmitido por afídeos em 10% - 20% [29] . Também [29] referiu que a plantação de uma orla de cereais em torno de um campo de feijão-frade reduz a propagação do vírus transmitido de forma não persistente pelo feijão. Contudo, as práticas culturais não são muito eficazes, embora sejam seguras e baratas. Por conseguinte, é necessário realizar um estudo pormenorizado sobre a utilização de pesticidas botânicos para controlar as pragas de insectos nas explorações agrícolas dos pequenos agricultores.

4.2. Métodos de controlo biológico

O controlo biológico é definido como a redução das populações de pragas (insectos, ácaros, ervas daninhas e doenças das plantas) utilizando outros organismos vivos [30] . As pragas de insectos são suprimidas por organismos que ocorrem naturalmente e por factores ambientais que são chamados inimigos naturais ou controlo natural. Os inimigos naturais das pragas de insectos são conhecidos como agentes de controlo biológico. Os inimigos naturais são organismos que matam, diminuem o potencial de reprodução ou reduzem o número de outro organismo [30] . Esses inimigos naturais incluem predadores, parasitóides e agentes patogénicos.

Um predador é um organismo que ataca, mata e se alimenta de vários ou muitos outros organismos durante a sua vida. Alguns predadores são especializados, o que significa que se alimentam apenas de uma ou poucas presas, enquanto a maioria é generalizada, o que significa que se alimentam de uma variedade de organismos [30] . Os predadores incluem aranhas, crisopídeos, joaninhas, escaravelhos, besouros, moscas e insectos verdadeiros [30] . Estes organismos matam e alimentam-se dos insectos que afectam o feijão comum. Os escaravelhos joaninha, família Coccinelidea, tanto adultos como larvas, alimentam-se de afídeos [31] e, por conseguinte, reduzem a população de afídeos. Os besouros joaninhas são mais fortes, maiores e geralmente mais inteligentes do que as presas, pelo que atacam vários hospedeiros num curto período de tempo [32] .

Os parasitóides são insectos que parasitam e matam outros invertebrados. Muitas espécies de vespas e algumas moscas são parasitóides. Algumas espécies de parasitóides, quando estão em fase imatura, desenvolvem-se sobre ou dentro de um único inseto hospedeiro, formando múmias e matando assim o hospedeiro [31] . Os parasitóides são parasitas quando estão na fase imatura e matam os seus hospedeiros quando atingem a maturidade [30] . Espécies de fungos entomopatogénicos infestam os afídeos através da cutícula, matando finalmente o hospedeiro [32] . Para além disso, as espécies da família Braconidae desenvolvem-se como endoparasitas de afídeos, pelo que a larva completa o seu desenvolvimento no hospedeiro [23] . Os afídeos também são controlados pelo espinosade. Trata-se de um inseticida de origem biológica produzido pelo actinomiceto Saccharopolyspora spinosa, um órgão bacteriano isolado do solo [34] .

Os agentes patogénicos são importantes no controlo biológico de muitas pragas, incluindo insectos, nemátodos, ácaros e ervas daninhas [31] . Os agentes patogénicos, como o Bacillus thuringiensis, controlam certas lagartas, escaravelhos e moscas, mas não afectam outros artrópodes. O controlo biológico é seguro e amigo do ambiente. Por conseguinte, são necessários estudos pormenorizados sobre a toxicidade, a persistência e o modo de ação dos ingredientes activos dos pesticidas botânicos para uma utilização segura pelos pequenos agricultores e para apoiar a presença de inimigos naturais.

4.3. Pesticidas químicos

Em todo o mundo, estima-se que cerca de 1,8 mil milhões de pessoas se dedicam à agricultura e que a maioria delas utiliza aproximadamente 5,6 mil milhões de libras de pesticidas sintéticos para proteger os alimentos e os produtos comerciais que produzem [35] . A utilização de pesticidas em África representa apenas 2% a 4% do mercado mundial de pesticidas [36] . Os pesticidas sintéticos são considerados eficazes, fiáveis contra uma vasta gama de pragas de insectos, de ação rápida e facilmente testados para novas pragas de insectos [37] . Vários programas nacionais de feijão e organizações de investigação identificaram pesticidas químicos, como o endossulfão, o diazinão e o lindano, que protegem os feijoeiros em germinação numa altura em que são mais vulneráveis a ataques, nomeadamente da larva do caule do feijão [38] . O cipermeteão, o carbaril e a lambda-cialotrina mostraram eficácia no controlo das pragas no campo e nos armazéns [39] . No entanto, muitos dos pesticidas sintéticos, como o endossulfão e o lindano, estão proibidos ou são caros para os pequenos agricultores em África e são persistentes no ambiente [40] .

Além disso, de acordo com a Convenção de Estocolmo, entre os 12 Poluentes Orgânicos Persistentes (POP), nove são pesticidas, incluindo a aldrina, o clordano, o diclorodifeniltricloroetano (DDT), a dieldrina, a endrina, o heptacloro, o hexaclorobenzeno (HCB), o mirex e o toxafeno [40] . Esses POP estão associados a problemas de saúde humana, como o cancro. O estudo efectuado por [40] indicou que as mães expostas ao lindano podem acumulá-lo no leite materno, o, p-diclorodifenildicloroetano (DDD) pode acumular-se no soro materno e o diclorodifeniltricloroetano total (DDT) pode acumular-se no soro umbilical [40] . Isto reflecte a sua potencial transferência da placenta e do leite materno para a criança durante a gravidez e a lactação [40] . Em resposta aos custos elevados e aos efeitos secundários negativos dos pesticidas sintéticos para a saúde do ser humano [41] , é necessário estudar em pormenor os pesticidas botânicos, que são acessíveis e têm menos ou nenhuns problemas de saúde para os aplicadores e consumidores e não contaminam o ambiente, para substituir os pesticidas sintéticos.

4.4. Pesticidas botânicos

Há muito que os pesticidas botânicos são publicitados como alternativas atraentes aos insecticidas sintéticos para a gestão de pragas, uma vez que representam pouca ou nenhuma ameaça para o ambiente, os ecossistemas e a saúde humana [42] . Em meados do século XVII, a piretrina, a nicotina e a rotenona do piretro, do tabaco e da Tephrosia spp, respetivamente, foram reconhecidas como agentes eficazes de controlo de insectos [6] . Assim, a humanidade utiliza extractos de plantas há milhares de anos para a prevenção de doenças, o tratamento de doenças, como insecticidas para controlar o crescimento microbiano, as ervas daninhas e muitas outras funções [43] . Por conseguinte, muitas plantas utilizadas localmente para fins medicinais também demonstraram potencial como agentes de controlo de insectos [44] . Os produtos botânicos, como os extractos de tabaco, o óleo e os extractos de neem, revelaram-se promissores e úteis para o controlo das pragas do feijão [45] . Do mesmo modo, Tephrosia vogelii, Azadirachta indica, Annona squamosa, papel de malagueta, Cupscum frutensces e Allium sativa são conhecidos por controlar com êxito as pragas de insectos do feijão e do feijão-frade [46] . Aristolochia ringens e Alium sativum têm propriedades antifeedantes, venenos alimentares, venenos de contacto e repelentes contra Sitophilus zeamais [44] . Plantas pesticidas, como o tabaco (Nicotiana tabacum), o neem (Azadirachta indica), o alho (Allium sativum), o eucalipto (Eucalyptus camaldulemsis) e o mehogony (Swietenia mehogany), foram referidas no controlo dos afídeos que atacam o feijoeiro [47] . Normalmente, os pesticidas botânicos são constituídos por uma mistura de compostos bioactivos, muitos dos quais têm vantagens em termos de eficácia e de vida curta [48] . O quadro 1 mostra a toxicidade de alguns ingredientes activos de pesticidas botânicos

Os pesticidas botânicos são, em geral, específicos para determinadas pragas e relativamente inofensivos para os organismos não visados, incluindo o homem e os inimigos naturais dos insectos-praga [6] [49] , são amigos do ambiente, degradam-se rapidamente com a luz solar, o ar e a humidade, pelo que são menos persistentes no ambiente e têm uma ação rápida sobre os insectos-praga, não têm efeitos adversos no crescimento das plantas, na viabilidade das sementes e na qualidade culinária dos grãos e são menos dispendiosos e facilmente disponíveis no ambiente natural dos agricultores [41] . Atualmente, torna-se necessário procurar uma alternativa

Nome genérico	DL oral $_{50}$	DL dérmico $_{50}$	Palavra de sinal
Piretrinas	1200 - 1500	>1800	Cuidado
Rotenona	60 - 1500 *	940 - 3000	Cuidado
Sabadilla	4,000	-	Cuidado
Ryania	750 - 1200	4000	Cuidado
Nicotina	50 - 60	50	Perigo
d-Limoneno	>5000	-	Cuidado
Linalol	2440 - 3180	3578 - 8374	Cuidado
Neem	13,000	-	Cuidado

Quadro 1 . Toxicidade de alguns ingredientes activos de pesticidas botânicos (mg/kg).

*A toxicidade varia muito em função do tipo de solvente utilizado como veículo; Fonte: [6] .

meios de controlo das pragas de insectos, que podem minimizar a utilização de pesticidas sintéticos. Este trabalho analisa a toxicidade, a persistência e o modo de ação de alguns pesticidas botânicos que são materiais vegetais disponíveis localmente no nosso ambiente.

5. toxicidade e persistência de alguns dos ingredientes activos de pesticidas botânicos

Embora os pesticidas botânicos possam ser utilizados como alternativas aos pesticidas sintéticos, a toxicidade dos compostos químicos extraídos dos pesticidas botânicos para os insectos nocivos e para os seres humanos, a persistência no ambiente e o modo de ação contra os insectos nocivos não são claros [7] . Por conseguinte, esta parte pretende explicar a toxicidade e a persistência da piretrina do piretro, da rotenona de *T. vogelii*, da azadiractina de Azadirachta indica e de alguns compostos químicos activos de *V. amygdalina, L. camara* e *T. diversifolia*. Estes pesticidas botânicos foram selecionados porque se encontram habitualmente à volta das nossas casas, ao longo das estradas, nas margens dos rios e nos terrenos de mato na parte norte da Tanzânia [11] e podem ser utilizados como pesticidas botânicos.

5.1. Rotenona

A rotenona, Figura 3, está contida em grande quantidade em espécies vegetais, especialmente Tephrosia, Derris e Lonchocarpus [50 . Todas estas plantas pertencem à família fabaceae em Leguminosae. A rotenona (Figura 3) é utilizada como inseticida natural, piscicida e pesticida [7] . É um inseticida de toxicidade relativamente baixa para utilização em jardins, mas é altamente tóxico para os peixes e é por vezes utilizado para eliminar peixes indesejados dos lagos [5] . Ocorre naturalmente nas sementes, caules, folhas e raízes de plantas da família das fabáceas. Foi o primeiro membro descrito da família de compostos químicos conhecidos como rotenóides [5] .

O LD_{50} da rotenona (Figura 3) para ratos é de 132 - 1500 mg/kg [6] [7] . No ser humano, a rotenona é moderadamente tóxica com um LD_{50} oral que varia entre 300 e 1500 mg/kg [7] [5] . Este composto (Figura 3) é altamente tóxico para peixes e insectos porque é lipofílico por natureza [5] . O mecanismo respiratório dos peixes está diretamente ligado à água através das guelras e o dos insectos está diretamente exposto através da traqueia, pelo que a rotenona é facilmente absorvida através das guelras ou da traqueia para a corrente sanguínea dos peixes e dos insectos, respetivamente, provocando a morte [8] .

No entanto, a rotenona é menos tóxica para os mamíferos e as aves, uma vez que a via de ingestão é através do trato digestivo, pelo que o composto é facilmente decomposto em compostos menos tóxicos antes de as quantidades tóxicas poderem entrar na corrente sanguínea [6] [7] [5] [8] . A rotenona é rapidamente decomposta pela luz solar, o que constitui simultaneamente uma vantagem e uma desvantagem [10] . Dado que se decompõe rapidamente, não se acumula no ambiente e é menos nociva para os organismos não visados [6] . No entanto, tem de ser reaplicado a intervalos curtos e é normalmente aplicado de manhã cedo ou à noite para evitar a sua degradação pela luz solar [7] . Na água, a taxa de decomposição depende de vários factores, incluindo a temperatura, o pH, a turbidez da água e a luz solar. A meia-vida da rotenona é de quatro dias [6] [7] [10] [11] . A meia-vida da rotenona em águas naturais varia entre meio dia a 24°C e 3,5 dias a 0°C [6] . No entanto, as informações científicas sobre a toxicidade da rotenona para os organismos e a sua persistência no ambiente são limitadas. Por conseguinte, são necessários estudos pormenorizados sobre a toxicidade da rotenona para vários animais e a sua persistência no ambiente para a utilizar de forma sustentável como pesticida botânico.

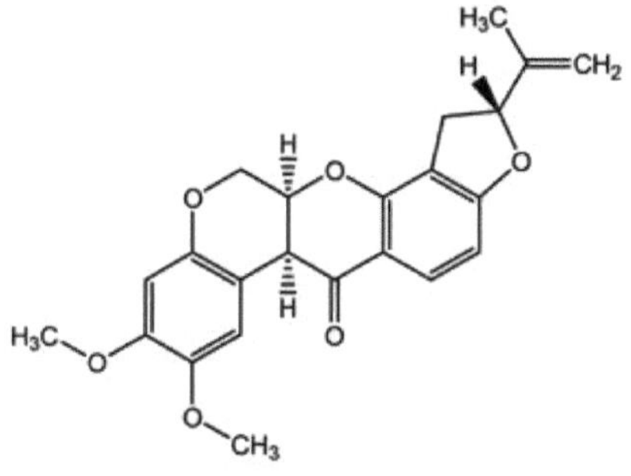

Figura 3. Estrutura química da rotenona.

5.2. Azadiractina de Neem, *Azadirachta indica*

A árvore do neem pertence à família Meliaceae e possui triterpenóides amargos [52] . O composto ativo do neem é a azadiractina, que se encontra nas folhas e também concentrada nas sementes [53] . Trata-se de um composto químico complexo e amargo que pertence ao grupo dos limonóides e que apresenta fortes actividades biológicas contra várias pragas de insectos [53] . Este composto (Figura 2) é um dissuasor de alimentação e um regulador de crescimento [51] .

Este composto (Figura 3) pode afetar cerca de 200 espécies de insectos, actuando como anti-alimentar e perturbador do crescimento. A azadiractina tem uma toxicidade e um efeito fascinante nos insectos (LD_{50} (S. littoralis), 15 µg/g) [53] . Tem uma toxicidade muito baixa para os mamíferos, pelo que o LD_{50} em ratos é superior a 3540 mg/kg, o que a torna praticamente não tóxica para os mamíferos [53], tendo também sido comunicada como não mutagénica [52] . Verificou-se que a azadiractina se degrada rapidamente sob factores ambientais como a radiação UV da luz solar, o calor, a humidade do ar, a acidez e as enzimas presentes nas superfícies foliares [53] . Verificou-se que a meia-vida da azadiractina se situa entre 48 minutos e 3,98 dias sob luz ultravioleta (UV) e luz solar e 2,47 dias na superfície foliar [6] [51] . Por conseguinte, é necessário utilizar a azadiractina como inseticida compatível com o ambiente, com uma toxicidade selectiva para as pragas visadas, pouco tóxica para as plantas e os mamíferos e com a estabilidade desejada e respeitadora do ambiente.

5.3. **Piretrina de piretro, Tanacetum cinerariifolium (*Chrysanthemum cinerariifolium*)**

O piretro é a cabeça da flor seca e em pó da margarida piretro, Tanacetum cinerariaefolium e o composto ativo piretrina do piretro com seis compostos insecticidas relacionados que ocorrem naturalmente [6] . Existem a piretrina I e a piretrina II. Os compostos relacionados com a piretrina I contêm o grupo metilo ($-CH_3$) e os compostos relacionados com a piretrina II contêm o grupo $-CO_2 CH_3$ [51] [52] . A fórmula química geral da piretrina e dos seis compostos relacionados com a piretrina é apresentada na Figura 4 e na Figura 5.

As piretrinas são venenos axónicos e têm um efeito repelente de insectos quando presentes em pequenas quantidades [6] . São nocivas para os peixes, mas são menos tóxicas para os mamíferos e as aves do que muitos insecticidas sintéticos. Na forma pura, o DL oral do rato$_{50}$ é de 1200 - 1500 mg/kg [51] . O grau técnico do piretro é menos tóxico para a ratazana, com um LD_{50} de cerca de 1500 mg/Kg. As piretrinas degradam-se facilmente quando expostas à humidade do ambiente, ao ar e à luz solar [51] . A meia-vida das piretrinas no ambiente e nos frutos de pimentão cultivados no campo é de 2 horas ou menos [6] . No entanto, existem poucas informações científicas sobre a toxicidade dos compostos de piretrinas para vários organismos e a sua persistência no ambiente. Por conseguinte, são necessários estudos pormenorizados sobre a toxicidade dos compostos de piretrinas para vários organismos e a sua persistência no ambiente para os utilizar de forma sustentável como pesticidas botânicos.

5.4. Lactonas sesquiterpénicas de *T. diversifolia*

Muitas classes de metabolitos secundários que são isolados dos extractos de *Tithonia diversifolia* incluem diterpenóides, flavonóides, lactonas sesquiterpénicas (Figura 5) e derivados de ácidos clorogénicos [54] [55] . No entanto,

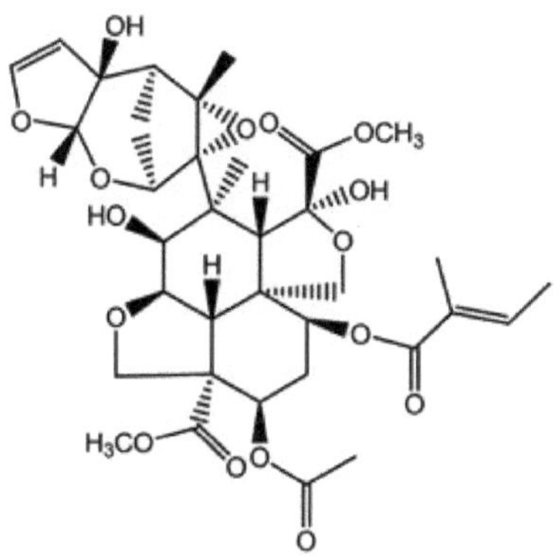

Figura 4. Estrutura química da azadiractina.

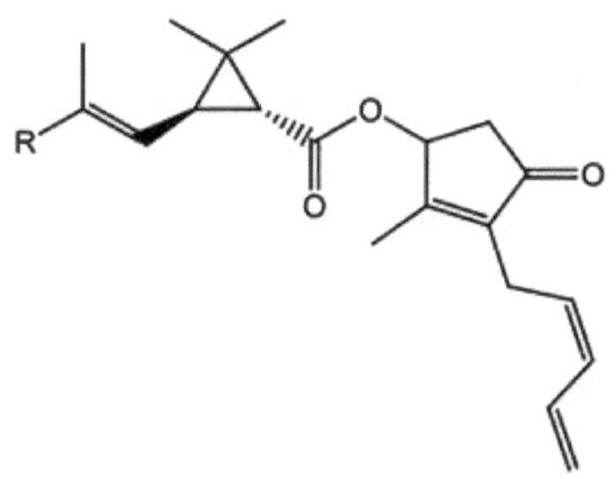

Figura 5. Fórmula química geral do piretro, piretro I, R = CH_3 , piretro II, R = CO_2 CH_3 .

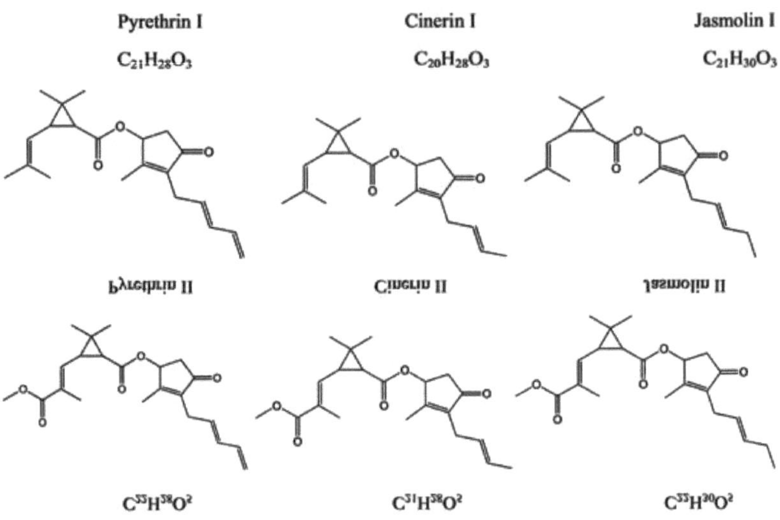

Figura 6. Estruturas químicas dos seis compostos de piretrina relacionados.

os terpernoides mais abundantes em *Tithonia diversifolia* são lactonas sesquiterpénicas [55] . Mas os compostos de tagitininas (Figura 6), que pertencem à classe das lactonas sesquiterpénicas, são os mais estudados [56] . As lactonas sesquiterpénicas e os diterpenóides têm actividades biológicas [16] e contribuem para a atividade inflamatória [55] . A T. diversifosia é utilizada como medicamento tradicional para a obstipação, dores de estômago, indigestão, dores de garganta, dores de fígado e para tratar a malária [57] . [56] referiu que os extractos de *T. diversifolia* de 10 mg/kg e 100 mg/kg administrados a ratos durante 90 dias eram relativamente seguros, com alguma toxicidade observada a 100 mg/kg. Contudo, este último pode causar danos no fígado, nos rins e, em menor grau, no coração [56] . Os danos no fígado observados em doses mais elevadas de extractos aquosos de *Tithonia diversifolia* podem resultar do ácido clorogénico, enquanto os danos nos rins resultam das lactonas sesquiterpénicas [55] [56] . No entanto, não há informações claras sobre a toxicidade destes compostos de *Tithonia diversifolia*.

5.5. Triterpenóides pentacíclicos de *Lantana camara*

A Lantana camara é reconhecidamente tóxica para o gado bovino, ovino, equino, canino e caprino [58] . Os ingredientes activos que causam a toxicidade da Lantana camara em animais de pasto são os triterpenóides pentacíclicos [47] (Figura 7).

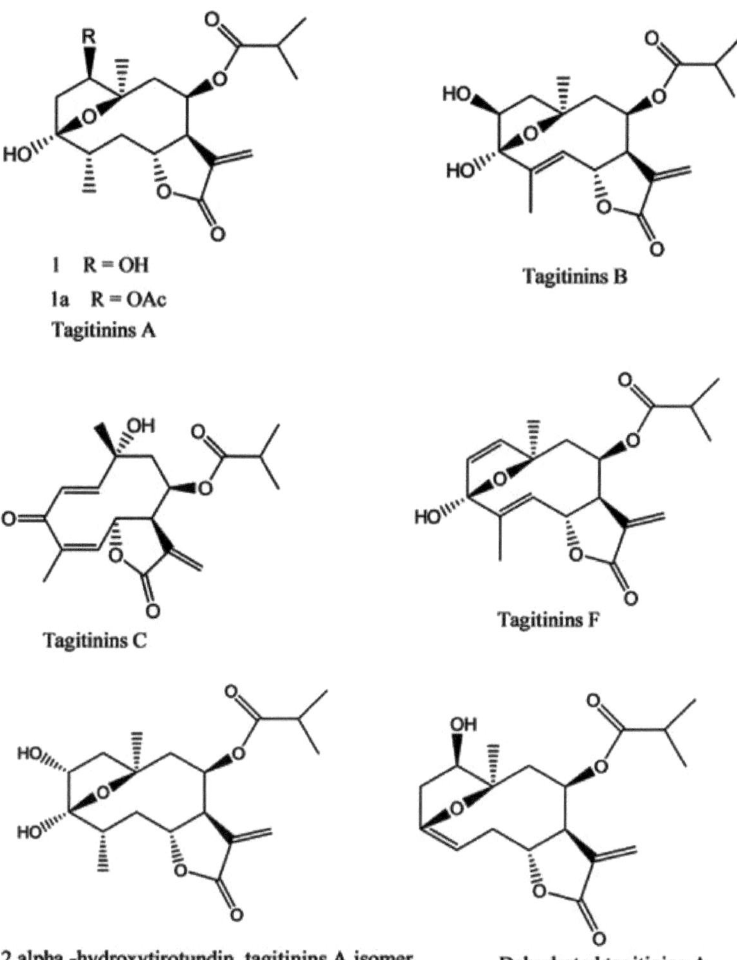

Figura 7. Estruturas químicas de algumas lactonas sesquiterpénicas das folhas de *T. diversifolia*. Fonte: [57] . terpernoides, que resultam em danos no fígado e fotossensibilidade [59] . A toxicidade de L. camara para o ser humano é indeterminada, embora numerosos estudos sugiram que a ingestão de bagas de Lantana camara pode ser tóxica para os seres humanos [47] . [60] referiu que o extrato de folhas de L. camara

tinha excelentes actividades repelentes, moderadamente tóxicas e antifeedantes. No entanto, outros estudos encontraram provas que sugerem que a ingestão do fruto de L. camara não representa qualquer risco para os seres humanos e é de facto comestível quando maduro [47] . Estudos realizados na Índia descobriram que as folhas de Lantana camara podem apresentar propriedades antimicrobianas, fungicidas e insecticidas [61] . A L. camara também tem sido utilizada em medicamentos tradicionais à base de plantas para tratar uma variedade de doenças, como o cancro, comichões na pele, lepra, raiva, varicela, sarampo, asma e úlceras [61] . A Lantana camara foi testada como uma alternativa aos fumigantes em cereais armazenados [62] . Por conseguinte, é necessário obter mais informações sobre a toxicidade da *Lantana camara* para a saúde do ser humano.

5.6. Vernodalina, Vernodalol e Epivernodalol de *V. amygdalina*

A vernodalina, o vernodalol e o epivernodalol (Figura 8) são compostos de lactona sesquiterpénica provenientes de membros da família Asteraceae. São os principais constituintes bioactivos isolados de espécies de Vernonia [63] . Fitoquímicos

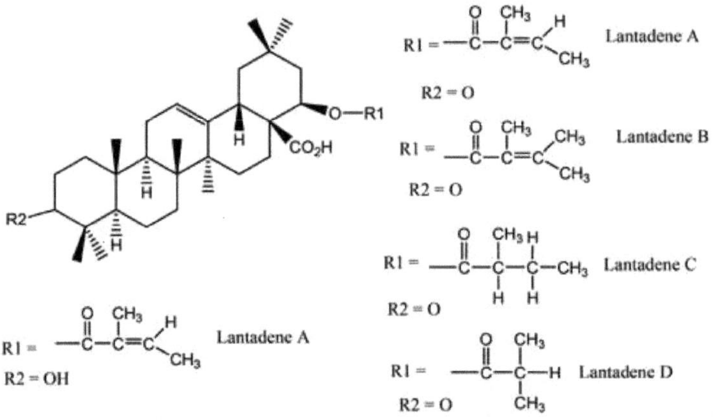

Figura 8 . Estruturas químicas dos Lantadenos (triterpenóides pentacíclicos). Fonte: [47] .

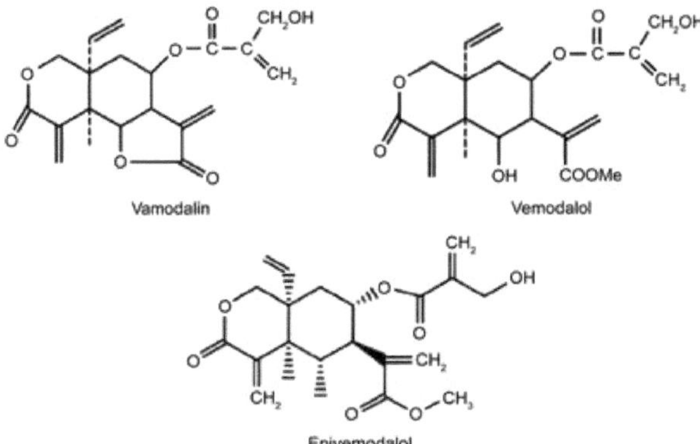

Figura 9. Estruturas químicas de compostos isolados de *V. amygdalina*. Fonte: [64] [65] .

A análise das folhas de Vernonia amygdalina revelou a presença de importantes produtos naturais vernolide e vernodalol [64] [65] . A toxicidade destes compostos é muito baixa para o ser humano [42] . O LD_{50} foi testado em ratos e extrapolado para 1265 mg/kg [63] . A possibilidade de utilizar deterrentes e repelentes não tóxicos como protectores das culturas é intuitivamente atraente [42], uma vez que têm poucos efeitos na saúde humana. Verificou-se que estas lactonas sesquiterpénicas são activas em bactérias gram-positivas e que as vernolidas apresentam actividades antifúngicas elevadas [66] . Um estudo sobre a eficácia de *V. amygdalina* em pragas de insectos no campo do feijão-frade (*M. sjostedti* e *B. tabaci*) demonstrou a sua eficácia quando foi aplicado com um intervalo de duas semanas após a emergência da cultura [67] . Estes produtos químicos têm propriedades dissuasivas e repelentes em relação às pragas de insectos [**Fig. 9**].

Os produtos químicos repelentes e dissuasores de alimentação das plantas pesticidas desencorajam os insectos de se alimentarem delas. Muitos compostos ou extractos de plantas medicinais que demonstraram efeitos anti-alimentares não apresentam toxicidade se ingeridos [42] [68] . A lactona sesquiterpénica desaparece no ambiente em 90 dias e o seu desaparecimento é mais rápido do que o dos pesticidas sintéticos [63] . No entanto, existem poucas informações sobre a toxicidade, a persistência e o modo de ação da *V. amygdalina*, adequadas para a proteção do ambiente contra a contaminação por metabolitos de pesticidas botânicos.

6. Modo de Ação dos Compostos Activos dos Pesticidas Botânicos

Apesar de se sugerir a utilização de pesticidas botânicos como alternativa aos pesticidas sintéticos, há pouca informação sobre o modo de ação dos compostos químicos contra as pragas de insectos. Por conseguinte, esta parte pretende explicar o modo de ação da piretrina do piretro, da rotenona de *T. vogelii*, da azadiractina de *Azadirachta indica* e de alguns compostos químicos activos de *V. amygdalina, L. camara* e *T. diversifolia.*

6.1. Modo de ação da rotenona

A rotenona atrasa a cadeia de transporte de electrões nas mitocôndrias dos insectos-praga e é um veneno de contacto e estomacal [6] [7] [50] [51] [69] . Inibe a transferência de electrões dos centros de ferro-enxofre no complexo I para a ubiquinona e interfere com o hidreto de nicotinamida adenina dinucleótido (NADH) durante a criação da energia celular utilizável trifosfato de adenosina (ATP) [69] . Nesse caso, o Complexo I é incapaz de passar o seu eletrão para o Complexo Q, criando uma reserva de electrões na matriz mitocondrial. Durante este processo de limitação, o oxigénio celular é reduzido a um radical, que é uma espécie reactiva. Esta espécie reactiva pode danificar o ácido desoxirribonucleico (ADN) e outros componentes da mitocôndria [50] .

6.2. Modo de ação da azadiractina

A azadiractina apresenta fortes efeitos antifeedantes nos quimiorreceptores dos insectos e desencoraja os insectos pragas de consumir a planta [53] . Se a praga de insectos continuar a consumir culturas pulverizadas com extractos de árvore de neem, a azadiractina bloqueia a libertação de hormonas peptídicas, o que resulta em graves defeitos de crescimento e anomalias na muda [52] [70] . Finalmente, a azadiractina tem um efeito prejudicial nos tecidos, incluindo os músculos, a gordura e o intestino da maioria dos insectos [52] .

6.3. Modo de ação das piretrinas

As piretrinas atacam o sistema nervoso de todos os insectos e actuam como os piretróides e o DDT [6] . As substâncias venenosas axónicas afectam a transmissão eléctrica dos impulsos ao longo do axónio [51] . Durante o seu modo de ação, as piretrinas perturbam o processo de troca de iões de sódio e potássio nas fibras nervosas dos insectos e interferem na transmissão normal dos impulsos nervosos [6] . As piretrinas atrasam o fecho dos canais de iões de sódio dependentes da voltagem nas células nervosas dos insectos, o que resulta em disparos nervosos repetidos e prolongados [51] . Esta hiperexcitação provoca a morte do inseto devido à perda de coordenação motora e à paralisia. Por vezes, os insectos-praga podem desenvolver resistência ao piretro [6] . O butóxido de piperonilo é associado à piretrina para evitar a resistência das pragas de insectos. Trata-se de um composto sinérgico. Em conjunto, estes dois compostos impedem a desintoxicação no inseto, assegurando a sua morte. Os sinergistas tornam a piretrina mais eficaz, permitindo que doses mais baixas sejam eficazes [6] . As piretrinas são pesticidas eficazes porque visam seletivamente os insectos e não os mamíferos devido à maior sensibilidade nervosa dos insectos, à menor dimensão do corpo dos insectos, à menor absorção cutânea pelos mamíferos e ao metabolismo hepático mais eficiente dos mamíferos [6] .

6.4. Modo de ação dos ingredientes activos de *T. diversifolia* contra pragas de insectos

A análise fitoquímica de *T. diversifolia* revelou a presença de fracções não voláteis que são ricas em flavonóides e lactonas sesquiterpénicas, enquanto o óleo essencial contém principalmente hidrocarbonetos monoterpénicos, como b-ocimeno, a-pineno e limoneno [23] . Verificou-se que a planta tem caraterísticas de dissuasão da alimentação dos insectos pragas [23] que têm efeito sobre os quimiorreceptores para desencorajar os insectos de consumir feijoeiros. Isto é causado pela presença de 6-metoxiapigenina, lactonas sesquiterpénicas, ácidos chologénicos e tagitininas A, B, C e F, com *diversiformes, tirotundina, tithonina* e sulfureína [23] .

6.5. Modo de ação de alguns ingredientes activos de *L. camara*

O óleo essencial e as folhas de L. camara são compostos por grandes quantidades de hidrocarbonetos sesquiterpénicos, principalmente β-cariofileno [71] , lantadeno A, B e C, que produzem uma forte resposta hepatotóxica em roedores e os extractos têm atividade fumigante contra adultos de Sitophilus granarius [72] [73] . Pensa-se que os terpenóides, os fenilpropanóides e os flavonóides são os principais componentes com actividades biológicas na Lantana camara [60] . As folhas têm propriedades repelentes e antifeedantes contra insectos [60] . Além disso, os ingredientes activos *da L. camara* têm propriedades de inibição da acetilcolina contra pragas de insectos [60] . É conhecida pela sua inibição enzimática e, por conseguinte, serve de alternativa aos fumigantes sintéticos. No entanto, existe pouca informação sobre a eficácia, a toxicidade e a persistência dos constituintes químicos da Lantana camara.

6.6. Modo de ação dos ingredientes activos de *T. diversifolia* contra pragas de insectos

A análise fitoquímica de *T. diversifolia* revelou a presença de fracções não voláteis que são ricas em flavonóides e lactonas sesquiterpénicas, enquanto o óleo essencial contém principalmente hidrocarbonetos monoterpénicos, como b-ocimeno, a-pineno e limoneno [23] . Verificou-se que a planta tem caraterísticas de dissuasão da alimentação dos insectos pragas [23] que têm efeito sobre os quimiorreceptores para desencorajar os insectos de consumir feijoeiros. Isto é causado pela presença de 6-metoxiapigenina, lactonas sesquiterpénicas, ácidos clorogénicos e tagitininas A, B, C e F, com diversiformes, tirotundina, tithonina e sulfureína [23] .

7. pesticidas convencionais e suas implicações para os seres humanos e o ambiente

Um dos numerosos métodos para otimizar a produção de alimentos para um número crescente de pessoas é a utilização de agroquímicos para proteger os produtos agrícolas da infestação de pragas. Anualmente, os produtores agrícolas utilizam cerca de 3 milhões de toneladas de pesticidas, no valor de cerca de 40 mil milhões de dólares **[12]**, dos quais cerca de 12,2 mil milhões para a utilização de insecticidas em 2015 **[13]**. O aspeto mais preocupante dos pesticidas sintéticos é a perda de pesticidas aplicados, que pode ser causada por uma série de factores, como a deriva da pulverização, a deposição fora do alvo e a resistência à chuva **[14]**. A utilização intensiva de pesticidas químicos resultou em efeitos secundários graves, com resíduos que contaminam a água e o solo e prejudicam as espécies não visadas **[15]**.

A maioria dos pesticidas sintetizados convencionalmente é extremamente tóxica para o ser humano, sendo que o consumo ou vestígios de pesticidas podem causar problemas médicos graves (Fig. 10) **[16]**. Os organoclorados, organofosforados e carbamatos são pesticidas químicos que podem induzir defeitos neurais, incluindo Alzheimer, Parkinson, perturbações da coordenação neural no corpo e defeitos na síntese de neurotransmissores. Além disso, a exposição a pesticidas durante o desenvolvimento do feto pode causar perturbações congénitas, doenças/perturbações genéticas e desequilíbrios hormonais no embrião devido à perturbação do ADN durante o desenvolvimento. Os pesticidas químicos são os mais perigosos para os adultos e as crianças devido aos seus efeitos carcinogénicos, podendo provocar leucemia, cancro da bexiga, cancro da tiroide e cancro do cérebro **[16]**.

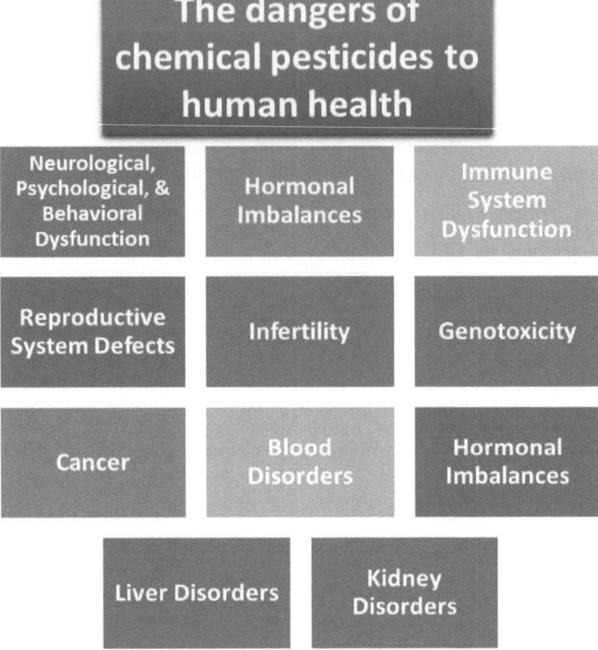

Fig. 10. Principais impactos perigosos dos pesticidas sintéticos na saúde humana. Modificado de Asghar et al. [16].

No que respeita aos efeitos ambientais, os pesticidas químicos são uma fonte substancial de contaminação da água, e alguns pesticidas como o DDT, o Aldrin, o Dieldrin, o Endrin e o Clordano são poluentes orgânicos de longa duração (persistentes) que causam a poluição dos solos. Estes pesticidas podem acumular-se no ambiente e perturbar os ecossistemas porque não são biodegradáveis e são persistentes [Fig. **[10]**. Esta questão é realçada pelos neonicotinóides, incluindo o tiametoxame, o imidaclopride, o acetamipride, o tiaclopride e a clotianidina. Esta recente categoria de compostos é eficaz para controlar numerosos parasitas e pode ser utilizada em muitas culturas (como o tomate, o pêssego e o algodão) **[17]**. Os insecticidas neonicotinóides foram autorizados na Europa de 2005 a 2013, tendo depois sido suspensos para proteger a vida selvagem, incluindo polinizadores, répteis, aves, peixes, anfíbios e mamíferos **[18]**.

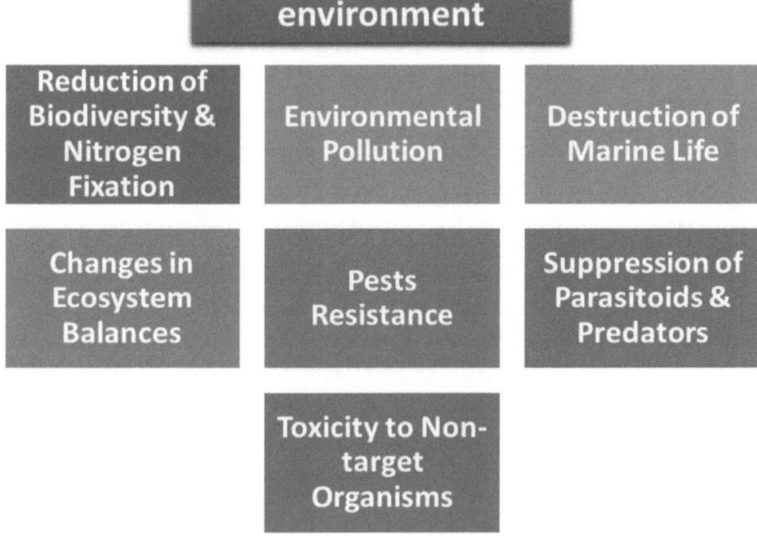

Fig. 11. Principais impactos nocivos dos pesticidas químicos no ambiente. Modificado de Laxmishree e Nandita [10].

8. pesticidas botânicos como alternativas ecológicas aos pesticidas convencionais

Para atenuar os efeitos negativos dos pesticidas químicos nos seres humanos e no ambiente, é fundamental encontrar alternativas eficazes e respeitadoras do ambiente. A maioria das plantas tem sido utilizada em medicamentos, plantas ornamentais, especiarias, alimentos e rações; são abundantes no ambiente **[19]**. Os produtos vegetais (brutos, extractos, óleos essenciais) têm sido utilizados como pesticidas naturais há séculos **[20]**. Os produtos naturais vegetais de várias famílias podem atuar como anti-alimentares, repelentes e reguladores de crescimento dos insectos **[21]**, bem como interferir com a fisiologia dos insectos **[10]**. Prevê-se que o mercado dos pesticidas convencionais diminua 1,5% por ano, enquanto os biopesticidas deverão representar 20% do mercado dos pesticidas até 2025 **[22]**.

As actividades biológicas dos pesticidas botânicos, quer se trate de compostos isolados ou de misturas complexas, incluem repelentes, insecticidas, fungicidas, nematicidas e bactericidas **[23]**. Os pesticidas botânicos degradam-se rapidamente, são menos tóxicos para os seres humanos, têm múltiplos modos de ação, não poluem o ambiente e são abundantes na natureza (Fig. 11) **[24,25]**. Consequentemente, juntamente com a resistência do hospedeiro, a utilização de inimigos naturais (predadores, parasitóides), as boas práticas agrícolas (BPA), os pesticidas microbianos e a utilização confinada de produtos agroquímicos seguros, constituem um elemento essencial da proteção integrada **[25-27]**. Os insecticidas botânicos podem ocorrer como recursos naturais ou como constituintes derivados de plantas. Os insecticidas botânicos brutos, como o neem na Índia, o piretro na Pérsia, a rotenona na América do Sul e na Ásia Oriental e a sabadilla na América do Sul e Central, são utilizados há séculos **[28]**. Alguns insecticidas botânicos, como a rotenona e a nicotina, podem ser tóxicos para os seres humanos **[29]**.

Verificou-se que as plantas de várias famílias, como *Zingiberaceae, Lauraceae, Myrtaceae, Rutaceae, Lamiaceae* e Apocynaceae, contêm compostos bioactivos **[25,30]**. Os metabolitos secundários, que contribuem significativamente para os odores, cores e sabores caraterísticos das plantas e servem como sistema de defesa da planta quando esta reage a pragas de insectos, infecções por agentes patogénicos e outros stresses, são abundantes nas plantas **[31,32]**. Os três grupos de metabolitos secundários são: (i) terpenos; esteróis, voláteis de plantas, carotenóides e glicosídeos; (ii) fenólicos; ácidos fenólicos, cumarinas, lignanas, estilbenos, flavonóides, taninos e lignina; e (iii) compostos contendo azoto; alcalóides e glucosinolatos **[33]**. Ao contrário dos metabolitos primários, que representam os principais blocos de construção dos organismos vivos (ácidos nucleicos, hidratos de carbono, proteínas e lípidos), os metabolitos secundários não contribuem para o crescimento e desenvolvimento das plantas, mas protegem-nas dos herbívoros, diminuindo a palatabilidade dos seus tecidos (Fig. 12) **[33]**. Atualmente, são utilizados quatro grupos principais de produtos vegetais para controlar as pragas de insectos; (i) piretro, (ii) rotenona, (iii) neem, e (iv) óleos essenciais, sendo a sabadilla, a nicotina e a ryania utilizadas em pequenas porções **[23]**. Como mostra a figura (10), o modo de ação dos insecticidas botânicos difere em função da origem do produto.

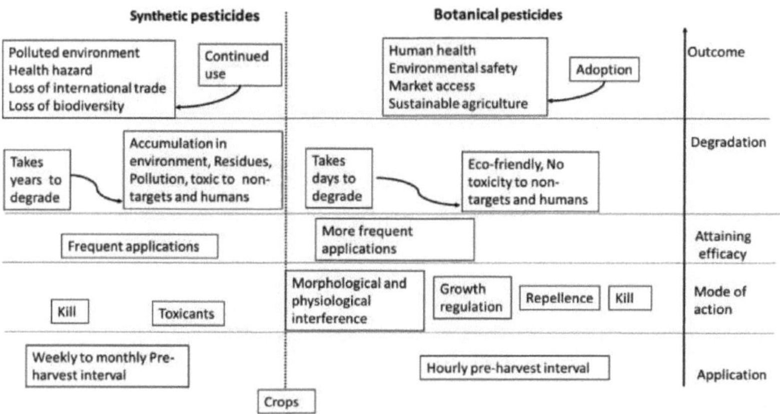

Fig. 11. Um modelo que descreve as distinções entre pesticidas sintéticos e botânicos [25].

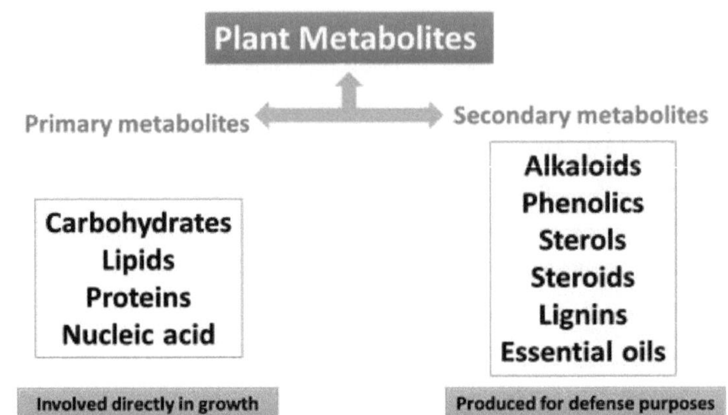

Fig. 12. Metabolitos de plantas.

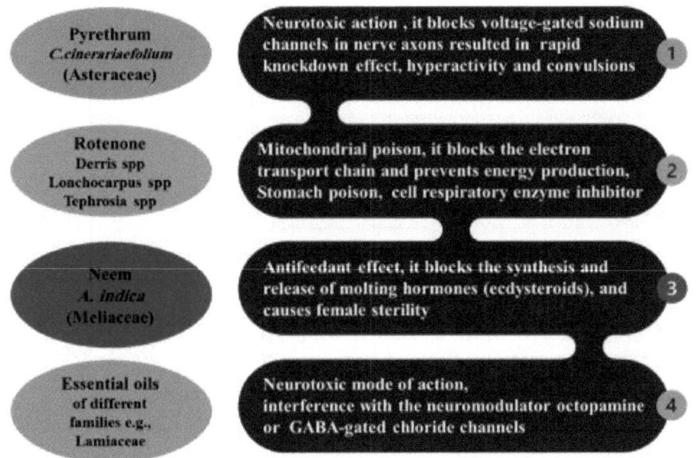

Fig. 13. Principais grupos de insecticidas botânicos e respectivos efeitos tóxicos nos insectos.

9. modo de ação dos pesticidas botânicos

O modo de ação de um pesticida descreve a forma como este funciona e refere-se à forma como o pesticida afecta os sistemas específicos da praga. Descreve a interatividade bioquímica específica que ocorre quando um pesticida exerce a sua influência sobre a praga. A enzima, proteína ou fase biológica específica afetada é normalmente incluída no modo de ação. A maioria das outras classificações está relacionada com as pragas controladas, as caraterísticas físicas e as propriedades químicas, enquanto o mecanismo de ação está relacionado com a função biológica que o pesticida perturba **[34]**. Os cientistas devem compreender o modo de ação para melhorar a qualidade e a sustentabilidade de um produto. Para perceber como funcionam os pesticidas (o seu mecanismo de ação), é necessário reconhecer primeiro como funciona o sistema alvo específico das pragas. Compreender o funcionamento dos sistemas humanos também é útil para identificar diferenças e semelhanças entre os seres humanos e as pragas que estamos a tentar controlar. Compreender os modos de ação dos pesticidas também é fundamental para evitar a resistência adquirida pelos parasitas ao pesticida utilizado. A utilização de pesticidas com modos de ação semelhantes agrava esse problema, causando a morte de pragas susceptíveis e deixando as que têm resistência a todo o grupo de pesticidas com mecanismos semelhantes (Fig. 13) **[35]**.

9.1 Modo de ação em agentes patogénicos fúngicos

Os fungos heterotróficos estão a causar grandes prejuízos económicos na agricultura em regiões temperadas e tropicais de todo o mundo **[36]**. Os agentes patogénicos fúngicos e os seus produtos metabólicos têm sido responsáveis por perdas agrícolas globais de até 30% **[37]**. Os metabolitos secundários dos pesticidas à base de plantas são tóxicos para as paredes celulares, as membranas celulares e os organelos celulares dos fungos **[38]**. Os fitoconstituintes também suprimem a germinação de esporos, o desenvolvimento micelial, o alongamento do tubo germinativo, o atraso na esporulação e a síntese de enzimas, proteínas e ADN importantes **[39]**. Os fitocompostos também podem alterar as estruturas das hifas e dos micélios, parar a produção de algumas substâncias como as aflatoxinas por alguns fungos como *Aspergillus spp.* e *Fusarium spp.* Como resultado, os agentes patogénicos fúngicos produtores de micotoxinas são menos patogénicos **[39]**. Foi demonstrado que a exposição a vários extractos de plantas, por exemplo, gengibre (*Zingiber officinale*) por *Fusarium verticillioides*, causa a rutura da parede celular, danifica os componentes celulares e inibe a produção de compostos essenciais como o ergosterol e a fumonisina (Fig. 8) **[40,41]**. Foi relatado que anomalias morfológicas como o colapso, o afinamento e a danificação dos filamentos hifais, bem como o impedimento da germinação de esporos e do crescimento hifal, foram induzidas pela alicina, o componente mais eficaz do alho **[42]**.

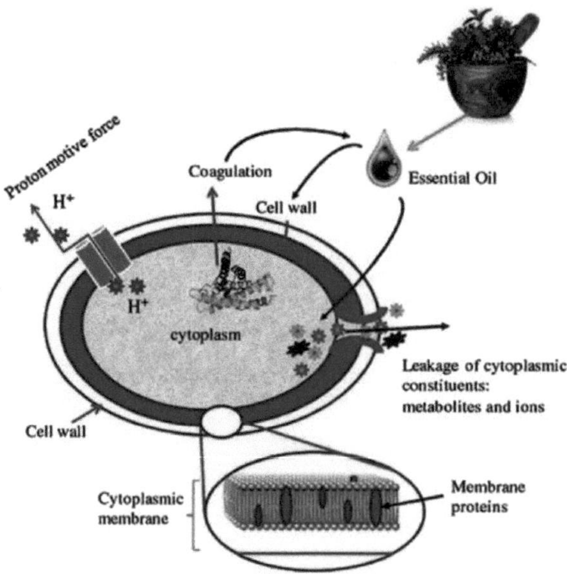

Fig. 14. A ação dos óleos essenciais na membrana celular dos fungos [41].

9.2...Modo de ação em agentes patogénicos bacterianos

As bactérias fitopatogénicas têm sido responsáveis por perdas significativas de rendimento na agricultura, com estimativas que variam entre 20-40% desde o cultivo até à colheita **[43]**. *Clavibacter*, *Pseudomonas*, *Erwinia* e *Xanthomonas* são as espécies bacterianas mais comuns responsáveis pela perda de colheitas no campo e no armazenamento **[44]**. Muitos óleos essenciais foram testados em bactérias fitopatogénicas, tanto a nível controlado como no terreno **[45]**. Os pesticidas botânicos têm uma variedade de propriedades antibacterianas, como a inibição do crescimento

[46,47]. Foi demonstrado que os pesticidas botânicos inibem as actividades biológicas a nível celular, incluindo a síntese de proteínas, aumentam a permeabilidade da membrana plasmática e a fuga de conteúdos celulares, o que acaba por conduzir à morte das bactérias **[48]**. O OE de *Origanum compactum* e o extrato metanólico de *Aloe vera*, por exemplo, impediram o desenvolvimento de *Bacillus subtilis* e *Escherichia coli*. Por outro lado, o extrato de acetona de *A. vera* impediu o crescimento de *Pseudomonas aeruginosa*. A presença de fitoconstituintes nos pesticidas botânicos testados contribui de forma importante para a sua atividade antimicrobiana, desnaturando as proteínas dos micróbios e interferindo com a sua funcionalidade (Fig. 12, 13, 14) **[49]**.

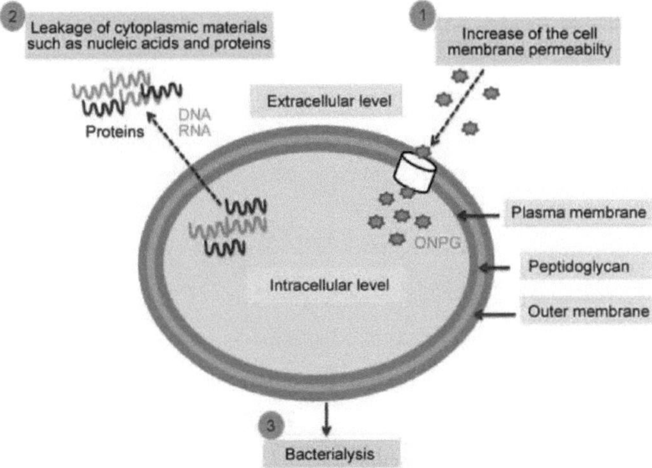

Fig. 15. Atividade antibacteriana do OE de *O. compactum* em *E. coli* [49].

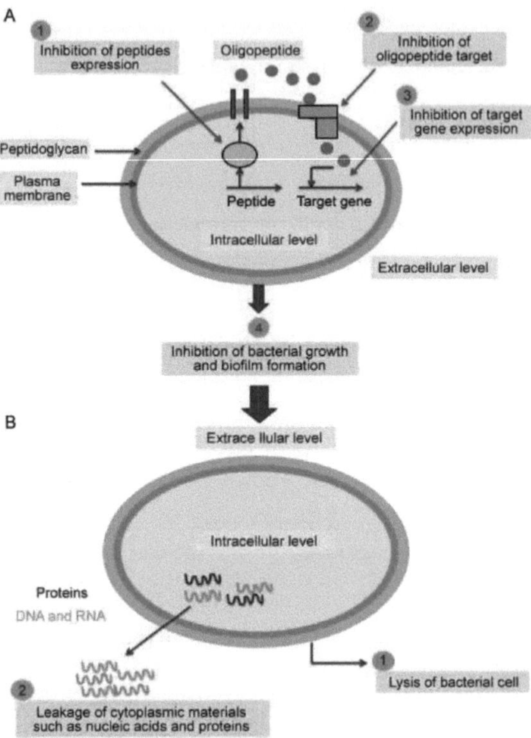

Fig. 16. Atividade antibacteriana do OE de *O. compactum* em *B. subtilis* mostrando; (A) inibição do seu crescimento, e (B) a sua lise após um curto período de tempo [49].

9.3 Modo de ação nas pragas de nemátodos

Os nemátodos parasitas das plantas estão entre o grupo mais destrutivo de agentes patogénicos das plantas no mundo, e o seu controlo é incrivelmente difícil. As propriedades nematicidas dos pesticidas botânicos incluem a inibição da eclosão de ovos de nemátodos e a supressão da população. Os fitoconstituintes dos pesticidas botânicos exercem uma influência significativa nas populações de alguns microrganismos do solo, que subsequentemente influenciam a sobrevivência de ovos e juvenis de nemátodos **[50]**. [nd]Alguns fitocompostos causam a morte de juvenis e massas de ovos, toxicidade larvar e, por último, têm impacto nas populações de nemátodos num ecossistema **[51]**. Os extractos de plantas de *Azadirachta indica, Lantana camara, Tagetes erecta* e *Brassica napus*, por exemplo, impediram a eclosão de ovos de *Meloidogyne incognita* (nemátodos dos nós das raízes), causando a imobilização e a morte de juvenis 2nd fase. Os fitoconstituintes lipofílicos podem dissolver facilmente as membranas citoplasmáticas dos nemátodos e interferir com os complexos proteicos envolvidos no crescimento e na sobrevivência (figura 15,16) **[52]**.

9.4 Modo de ação nos agentes patogénicos dos vírus

Os pesticidas à base de plantas impedem o desenvolvimento de agentes patogénicos virais, principalmente através da manipulação do hospedeiro, produzindo proteínas antivirais que inibem qualquer interação entre o vírus e as plantas **[53]**. Alguns compostos antivirais derivados de plantas provocam uma resistência sistémica nas plantas hospedeiras e impedem a transmissão do vírus com atividade inseticida nos insectos vectores **[54]**. Geralmente, todos os modos de ação envolvem a inibição da permeação do vírus na célula do hospedeiro, a replicação do vírus e as actividades enzimáticas, que são necessárias para a fixação do vírus **[55]**. A inibição da fixação e da multiplicação do vírus nas fases iniciais é fundamental para alcançar a ação antivírica **[56]**. Um mecanismo essencial dos extractos de plantas para a gestão da infeção viral é a prevenção da adsorção do vírus ao hospedeiro **[57]**. O vírus do mosaico do tabaco foi altamente inibido por extractos de acetona de lamas de óleo de sementes de algodão separadas de plantas *de Nicotiana tabacum* (tabaco) infectadas. O óleo também reduziu os picos de doença atribuíveis ao Southern Rice Black Streaked Dwarf Virus e ao Rice Stripe Virus no arroz em condições de campo **[58]**. O quadro 2 inclui alguns exemplos de mecanismos de ação de pesticidas botânicos contra diferentes pragas das culturas.

Tabela 2. Mecanismo de ação de alguns pesticidas botânicos contra determinadas pragas das culturas [25].

Plant	Mode of action	Target pest	References
Garlic (*Allium sativum*)	Delay and inhibit spore germination. Inhibits protein and DNA synthesis. Inhibits production of mycotoxins. Disrupts cellular components and their activities. Hyphal and mycelial modifications	Fungi	[42]
Aloe vera	Inhibits cellular activities. Impairs permeability of plasma membrane. Denatures proteins. Inhibits ATP production and glucose uptake.	Bacteria	[59]
Tagetes erecta	Inhibits egg hatching. Larval toxicity Structural modification Mortality.	Nematodes	[60]
Nepeta nuda subsp *nuda*	Host plant manipulation. Inhibits virus replication and multiplication. Prevents virus adsorption. Inhibits nucleic acids liberation	Viruses	[61]

9.5 Modo de ação contra as pragas de insectos

Os insecticidas são substâncias que provocam a mortalidade dos insectos em qualquer das suas fases de desenvolvimento: adultos, óvulos ou larvas. Entre os pesticidas derivados de plantas, contam-se os que actuam através de uma variedade de mecanismos e influenciam uma ou mais funções biológicas, incluindo o equilíbrio hídrico e os sistemas nervoso, respiratório e endócrino (Fig. 17) **[62]**. Os insecticidas também são classificados de acordo com a forma como entram no inseto, por exemplo, venenos estomacais e de contacto ou fumigantes.

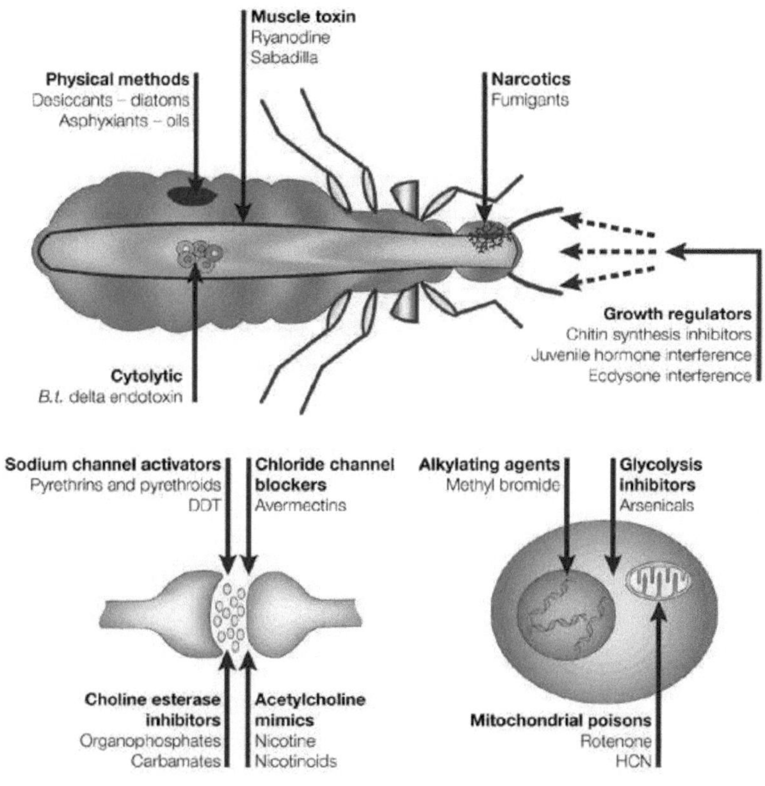

Fig. 17. Modo de ação dos pesticidas botânicos [62].

9.6 Pesticidas botânicos e o sistema nervoso

Esta categoria inclui a grande maioria dos insecticidas, tanto biológicos como sintéticos, que actuam sobre uma variedade de alvos nos insectos.

Canais de sódio controlados por voltagem

O piretro é uma oleorresina derivada das flores secas de *Tanacetum cinerariifolium* (Asteraceae). É constituído por dois compostos principais, Pyrethryns I e II **(Fig.18) [23]**, que actuam como moduladores dos canais de sódio dependentes da voltagem. Estes canais são necessários para a sinalização eléctrica adequada no sistema nervoso, resultando no atraso do canal de sódio. Este modo de ação assemelha-se ao de outros insecticidas químicos (piretrinas sintéticas) **(Fig. 19)** **[63]**. Por outro lado, as piretrinas encontradas naturalmente provaram ser mais específicas do que os produtos de piretrina sintética **[64]**. As piretrinas são venenos de contacto e estomacais com menor toxicidade para os mamíferos e uma atividade residual curta significativa, uma vez que se degradam com a luz solar, o ar e a humidade; assim, a aplicação repetida é essencial **[65]**. As piretrinas são utilizadas para controlar uma variedade de insectos e ácaros, que incluem moscas, pulgas, escaravelhos e ácaros **[32,66]**. Uma vez que as piretrinas se degradam rapidamente à luz solar, devem ser armazenadas ao abrigo da luz. As piretrinas não devem ser misturadas com soluções de cal ou sabão, porque tanto as condições altamente alcalinas como as altamente ácidas aceleram a degradação. As suas formulações líquidas mantêm a sua eficácia durante a armazenagem, enquanto as preparações em pó podem perder cerca de 20% num ano. Alguns parasitas exigem aplicações repetidas para serem eficazmente geridos **[67]**.

Durante muitos anos, os povos da América do Sul e Central utilizaram a sabadilla, uma preparação inseticida derivada de sementes pulverizadas de *Schoenocaulon officinale* (Melanthiaceae). A sua preparação alcaloide é composta principalmente por dois alcalóides principais, a cevadina e a veratridina, numa proporção de 2:1, e tem um mecanismo de ação semelhante ao das piretrinas, embora o local de ligação pareça ser diferente **[68]**. Um dos extractos de plantas pouco tóxicos com atividade pesticida é a sabadilla; é classificada como um veneno de contacto e estomacal com uma atividade relativamente baixa. Quando os alcalóides principais da sabadilla são separados, são altamente tóxicos para os seres humanos e influenciam negativamente os fedorentos, os insectos da abóbora, os tripes, as cigarrinhas e as lagartas **[69]**.

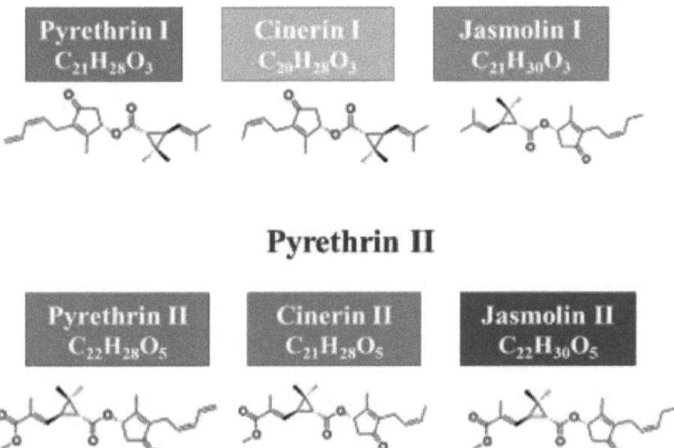

Fig.18. Estrutura química de algumas piretrinas.

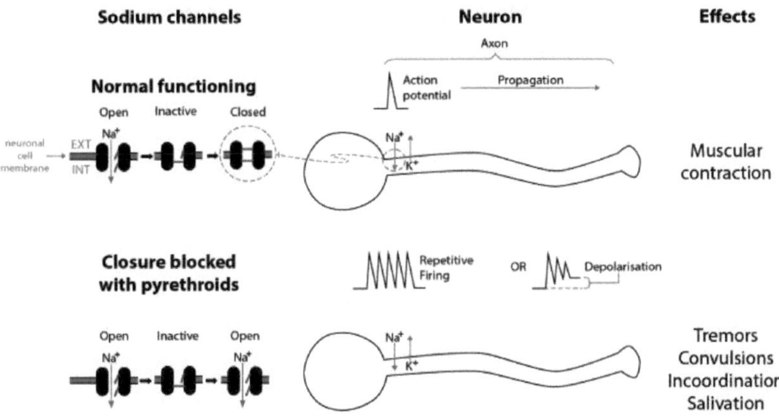

Fig.19. Modo de ação dos piretróides nos neurónios [63].

Canais de cálcio dependentes de tensão

A ryanodina é um componente ativo presente nas raízes e nos caules lenhosos da *Ryania speciosa* (Salicaceae), uma planta nativa de Trinidad e Tobago. Estimula os canais de cálcio no retículo sarcoplasmático das células musculares esqueléticas. Uma vez estimulados os canais de cálcio, é libertado um excesso de iões de cálcio nos filamentos da proteína actina e miosina, provocando a contração do músculo esquelético e a paralisia **[70]**. A rianodina é um veneno de ação rápida que potencia a ação inseticida por contacto ou por via gástrica, é pouco tóxica para os mamíferos e tem uma longa atividade residual, oferecendo até duas semanas de controlo após a aplicação inicial. O piperonilbutóxido (PBO) sinergiza a atividade inseticida dos extractos brutos *de Ryania*, que são os mais eficazes contra lagartas, vermes, escaravelhos da batata, percevejos, pulgões e abóboras em água quente **[71,72]**.

Enzima acetilcolinesterase

A acetilcolinesterase (AChE) é uma enzima que hidrolisa o neurotransmissor acetilcolina, que regula a transmissão do impulso nervoso colinérgico e pode ser um alvo biopesticida. O cumarano (2,3-dihidrobenzofurano), um componente ativo da *Lantana camara* L. (Verbenaceae), inibe esta enzima, aumentando as concentrações de acetilcolina na fenda da sinapse, o que resulta numa neuroexcitação extrema devido à ligação prolongada do neurotransmissor ao seu recetor pós-sináptico, dando origem a inquietação, hiperexcitabilidade, tremores, convulsões, paralisia e, finalmente, morte (Fig.20) **[73,74]**. Apesar da sua curta atividade residual, não é tóxico para os mamíferos e actua rapidamente sobre as moscas domésticas e as pragas dos produtos armazenados. O mecanismo de ação do cumarano é semelhante ao do monoterpeno 1,8-cineol e de outros pesticidas sintéticos, como os organofosforados e os carbamatos **[75,76]**. Foi demonstrada a atividade inibidora de um extrato metanólico das raízes de *Cassia fistula* L. (Fabaceae) e sugeridos os alcalóides indólicos como novos agentes activos potenciais **[77]**. Contudo, embora muitos óleos essenciais e terpenos tenham demonstrado atividade anti-AChE in vitro, o seu envolvimento na mortalidade dos insectos é discutível **[78]**.

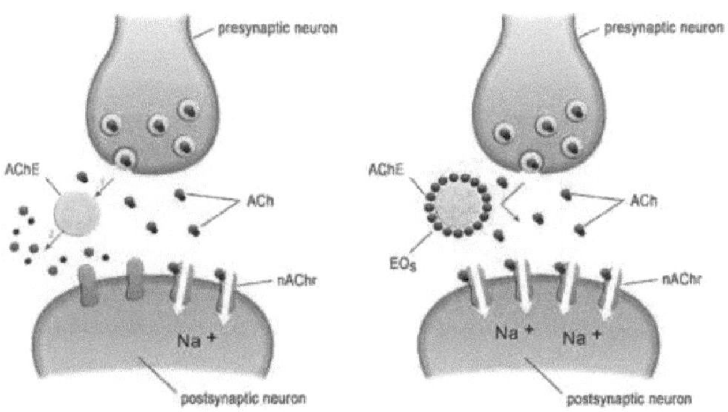

Fig.20. Os componentes do óleo essencial (OE) inibem a atividade da acetilcolinesterase (AChE) [74].

Receptores nicotínicos de acetilcolina

Os receptores nicotínicos de acetilcolina podem ser encontrados em terminais nervosos pré ou pós-sinápticos, além dos corpos celulares de interneurónios, neurónios motores e neurónios sensoriais no sistema nervoso dos insectos **[79]**. A nicotina, um alcaloide isolado obtido de *Nicotiana tabacum* L. (Solanaceae), pode desempenhar um papel de agonista do recetor de acetilcolina para imitar a acetilcolina, resultando no influxo de iões de sódio e na geração de potencial de ação. A ação sináptica da acetilcolina é terminada pela AChE em condições normais. Mesmo assim, como a AChE não consegue hidrolisar a nicotina, a ativação persistente da nicotina leva a uma sobre-estimulação da transmissão colinérgica, dando origem a convulsões, paralisia e morte (Fig. 21) **[62,79]**. A nicotina é uma toxina nervosa altamente eficaz contra insectos de corpo mole e ácaros. Além disso, está entre os mais tóxicos de todos os produtos botânicos e é extremamente perigosa para os seres humanos **[80]**. Os neonicotinóides são outra categoria de insecticidas baseada na formação química da nicotina e inclui o imidaclopride, o acetamipride e o tiametoxame. Os neonicotinóides, tal como a nicotina, ligam-se aos receptores de acetilcolina nicotínicos. No entanto, são mais específicos, sendo muito mais nocivos para os invertebrados, como os insectos, do que para os mamíferos. Além disso, são altamente solúveis em água, o que permite a sua fácil aplicação nos solos e, consequentemente, a sua absorção pelas plantas, potenciando uma defesa mais eficaz **[81]**. Funcionam como veneno por ingestão ou contacto, provocando a cessação da alimentação poucas horas após o contacto e a morte pouco depois **[82]**.

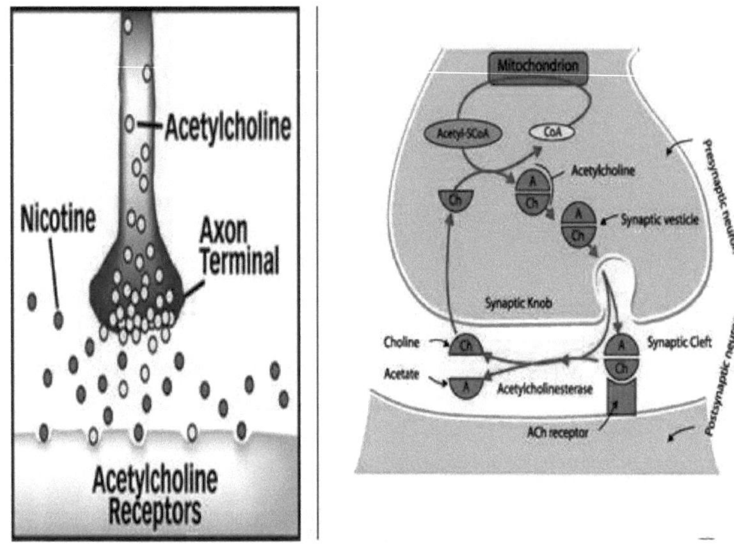

Fig. 21. Mecanismo da nicotina na sinapse nervosa [62]

Canais de cloreto com porta GABA

Os insecticidas podem ter como alvo os canais de cloreto com porta de ácido γ-aminobutírico (GABA(. A inibição neuronal é reduzida quando os seus antagonistas, por exemplo, a α-tujona (*Artemisia absinthium*) ou a picrotoxina (*Anamirta cocculus*), são bloqueados, provocando hiperexcitação do sistema nervoso central, convulsão e morte. A tujona foi identificada num estudo anterior como uma neurotoxina, funcionando como um modulador alostérico reversível dos receptores GABA **[83]**. Além disso, os monoterpenóides carvacrol, pulegona e timol podem inibir o recetor GABA **[84]**. Do mesmo modo, os compostos naturais derivados de plantas, conhecidos como sesquiterpenos do tipo silfineno, antagonizam a ação do ácido aminobutírico através da estabilização de estruturas não condutoras do canal de cloreto **[32,83]**. O GABA é conhecido por estimular a alimentação e provocar respostas das células gustativas na maioria dos insectos herbívoros. As substâncias químicas que antagonizam os receptores GABA podem ser consideradas como substâncias antifeedantes ou dissuasoras, particularmente dirigidas a escaravelhos, afídeos e lepidópteros **[85,86]**.

Receptores de Octopamina

A octopamina é uma amina endógena multifuncional que funciona como neurotransmissor, neuro-hormona e neuromodulador em invertebrados **[87]**. Os seus receptores estão amplamente distribuídos nos sistemas nervosos central e periférico dos insectos. É crucial na mediação de funções fisiológicas e comportamentais **[88]**. O recetor octopamina1, por exemplo, ajusta o ritmo miogénico da contração nos extensores-tibiais dos gafanhotos alterando as concentrações intracelulares de cálcio, enquanto os receptores octopamina2A e octopamina2B o fazem activando a adenilil ciclase. A ação rápida dos monoterpenos em algumas pragas sugere um mecanismo de ação neurotóxico. Esta hipótese foi confirmada pela demonstração da ação inseticida e repelente do eugenol contra *o Triatoma infestans*, o inseto sugador de sangue, através da ativação do recetor de octopamina **[89]**. Estudos anteriores confirmaram a presença de receptores de octopamina numa vasta gama de insectos, como lepidópteros, baratas e moscas **[90]**. Dado que os receptores mencionados não se enquadram nos tipos de receptores encontrados nos vertebrados, os agonistas dos receptores de octopamina poderiam ser candidatos importantes para um pesticida comercial, uma vez que são específicos do alvo, menos tóxicos para os mamíferos e têm um mecanismo de ação diferente da maioria dos pesticidas comerciais atualmente no mercado **[89]**.

10. pesticidas botânicos e o sistema respiratório

No processo molecular de respiração celular, os compostos nutritivos são convertidos em energia ou trifosfato de adenosina (ATP). A cadeia de transporte de electrões mitocondrial, que incorpora numerosos enzimas essenciais que podem ser alvo de insecticidas, é responsável por este processo **[67]**. A rotenona é o produto natural mais comum entre os rotenóides, derivado de plantas como *Derris* e *Lonchocarpus* (Fabaceae) e *Rhododendron* (Ericaceae), que se encontram nas Índias Orientais, na Malásia e na América do Sul **[23]**. A rotenona é um inibidor do complexo I da cadeia respiratória mitocondrial que funciona como veneno de contacto e estomacal. Impede a desidrogenase do nicotinamida adenina dinucleótido (NADH), interrompendo o fluxo de electrões do NADH para a coenzima Q e, por conseguinte, impedindo a formação de ATP a partir do NADH, mas permitindo a formação de ATP através do flavina adenina dinucleótido (FADH2) (Fig. 18) **[62]**. Consequentemente, é um dos insecticidas botânicos de ação mais lenta e, no entanto, é facilmente degradável pelo ar e pela luz solar, matando os insectos ao longo de vários dias. Além disso, tem um amplo espetro de bioatividade contra muitas pragas, como besouros que se alimentam de folhas, piolhos, lagartas, mosquitos, carraças, formigas-de-fogo e pulgas **[67]**. No entanto, a rotenona é extremamente perigosa para os mamíferos e os peixes, e um estudo anterior mencionou uma possível ligação entre a sua exposição e a doença de Parkinson **[32,91]**. Apesar da sua toxicidade grave, os rotenóides têm potencial para serem uma fonte de novos inibidores do complexo I, fornecendo derivados de pesticidas mais seguros e mais eficientes (figura 22).

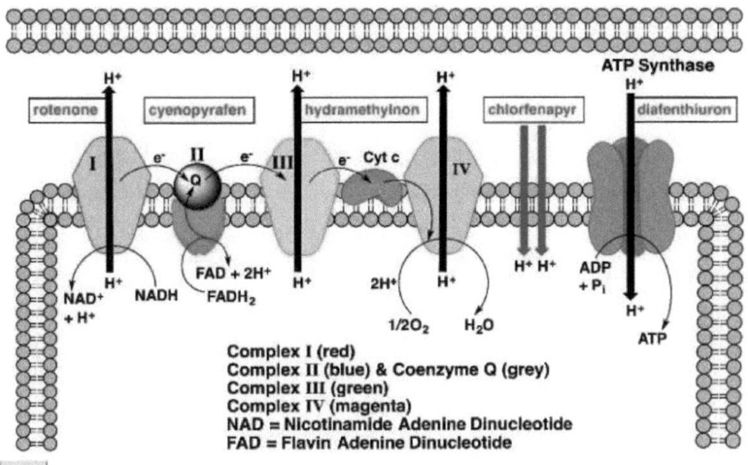

Fig. 22. Mecanismo da Rotenona no metabolismo energético [62].

10.1 Pesticidas botânicos e sistema endócrino

Os reguladores de crescimento dos insectos (IGR) são substâncias químicas que interferem com o sistema endócrino dos insectos. Podem funcionar como mímicos ou inibidores das hormonas juvenis dos insectos e inibidores da síntese de quitina. Para manter o seu estado imaturo, os insectos produzem hormonas juvenis. Uma vez concluído o crescimento, a produção de hormonas cessa, causando a muda para a fase adulta **[92]**. Os triterpenos obtidos a partir de *Catharanthus roseus* (Apocynaceae) demonstraram uma atividade de IGR **[93]**. A aplicação contínua de IGR nas culturas mantém os insectos como larvas, impedindo o sucesso da muda e resultando num controlo eficaz das pragas **[94]**. Pelo contrário, a atividade hormonal anti-juvenil de dois cromenos encontrados em *Ageratum conyzoides* L. (Asteraceae), precoceno I e II, induziu adultos estéreis, moribundos e anões após a exposição **[95]**.

A azadiractina é um limonóide tetranortriterpenóide complexo, particularmente abundante nas sementes de *Azadirachta indica*, uma espécie de planta nativa da Birmânia, e atualmente cultivada em mais regiões do Sudeste Asiático, África, Américas e Austrália **[32,96]**. A azadiractina é um veneno de contacto sistémico e tem dois modos de ação: (i) efeitos diretos nas células e nos tecidos e (ii) efeitos indirectos através da interferência do sistema endócrino. Funciona principalmente como dissuasor da alimentação e regulador do crescimento dos insectos numa vasta gama de ordens de insectos, por exemplo, Lepidoptera, Hemiptera, Diptera, Hymenoptera e Orthoptera **[96]**. A azadiractina impede a libertação de hormonas peptídicas morfogenéticas (hormona protoracicotrópica, PTTH e alatostatinas) através do sistema neurosecretor dos insectos. Estas hormonas regulam a função das glândulas protorácicas e dos corpos alados. Tanto as glândulas protorácicas como os corpos alados regulam a hormona de muda que controla a ecdise e a formação de nova cutícula, bem como a hormona juvenil (JH). Qualquer interrupção nesta sequência bioquímica pode levar à interrupção da muda, a malformações da muda ou à infertilidade. Os efeitos diretos nos tecidos somáticos e reprodutivos afectam gravemente a alimentação, o desenvolvimento e a reprodução, enquanto a molécula é afetada indiretamente através da perturbação dos processos endócrinos **[96]**. Os produtos não comerciais do neem incluem o óleo de neem, que é obtido por prensagem a frio das sementes e é utilizado para controlar as pragas das culturas (Fig. 20,21) **[62]**. O outro produto é um extrato de polaridade média que contém azadiractina (0,2-0,6% de sementes/peso) **[80]**, enquanto o produto comercial contém 1 a 4,5% de azadiractina **[61]**. Apesar de ter uma meia-vida de 20 horas, a ação sistémica da azadiractina garante uma persistência razoável nas aplicações de campo **[80]**.

Os inibidores da síntese de quitina impedem a produção de quitina, que é um dos principais constituintes de quase todas as paredes celulares dos fungos e uma parte essencial do exoesqueleto dos insectos, que oferece proteção física e osmorregulação. Uma vez que está ausente nas espécies vegetais e mamíferas, mas é abundante nos artrópodes e na maioria dos fungos, a biossíntese da quitina tornou-se um objetivo atraente para o desenvolvimento de insecticidas e agentes antifúngicos mais específicos **[67]**. Anteriormente, descobriu-se que o 2-benzoiloxicinamaldeído (2-BCA), um produto natural isolado das raízes de *Pleuropterus ciliinervis*, uma espécie de planta tradicionalmente utilizada na medicina popular chinesa para tratar inflamações e vários tipos de infecções, impede a síntese de quitina **[97]**.

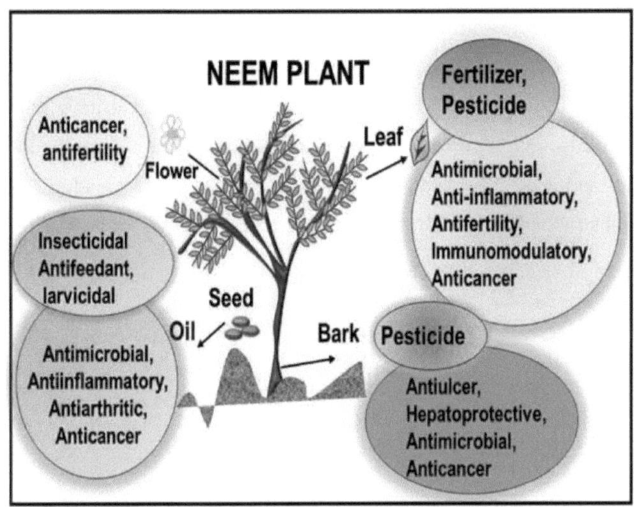

Fig. 23. Ilustração esquemática da árvore de neem agro-medicinal [62].

Fig. 24. Preparação da solução de sementes de nim [62].

10.2 Pesticidas botânicos e balanço hídrico

O corpo dos insectos está coberto por uma fina camada de cera, que tem um objetivo ecológico ao impedir a perda de água da superfície cuticular. As saponinas (sabões naturais), bem como os óleos brutos de farelo de arroz, de sementes de algodão e de palmiste, podem atuar interrompendo esta cobertura cerosa protetora, afectando o equilíbrio hídrico dos insectos através de uma rápida perda de água da cutícula, causando assim a morte por dessecação **[67]**. Além disso, os óleos brutos podem controlar insectos como as moscas brancas, os ácaros, as lagartas, as cigarrinhas e os escaravelhos, interferindo com a respiração dos insectos através da obstrução dos espiráculos **[98]**. Os modos de ação de alguns pesticidas botânicos selecionados e as suas estruturas são ilustrados na Fig. (23, 24) **[99]**.

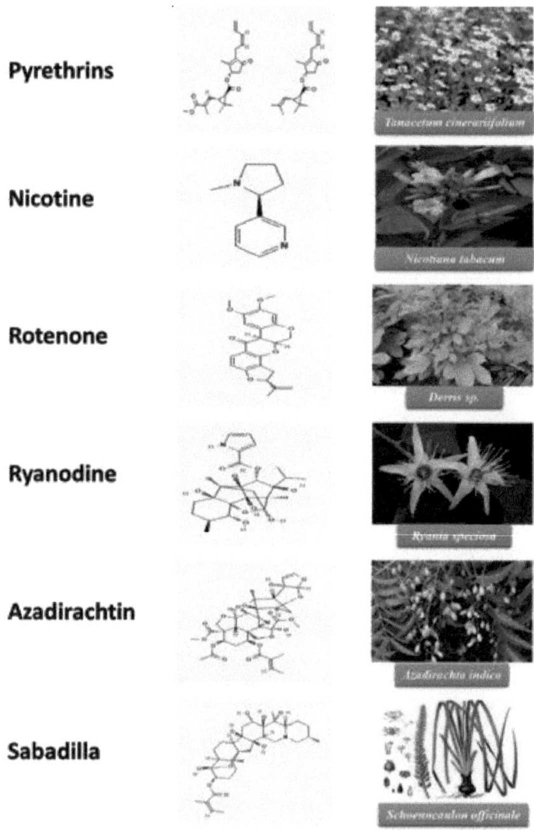

Fig. 25. Nomes, estruturas e plantas dos principais grupos de pesticidas botânicos.

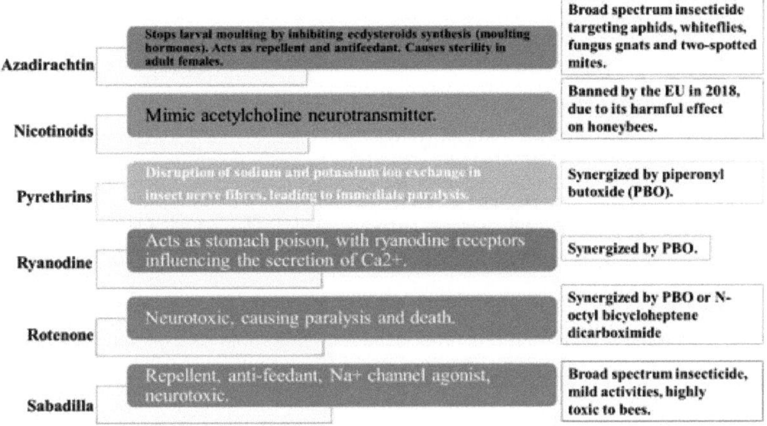

Fig. 26. Modos de ação de alguns bioinsecticidas [99].

11. óleos essenciais

Os óleos essenciais (OE), que são produzidos como metabolitos secundários nas plantas, são o principal grupo de pesticidas botânicos. Estes óleos são voláteis por natureza e contêm constituintes aromáticos, desempenhando um papel fundamental nos ciclos de vida das plantas, funcionando como defesas contra agentes patogénicos e herbívoros ou atraindo polinizadores **[23,29]**. São produzidos nas plantas através de processos metabólicos secundários, têm um odor distinto e encontram-se sob a forma de gotículas fluidas na casca, nas flores, nos frutos, nas folhas, nos caules e nas raízes **[100]**. Vários óleos essenciais têm propriedades antimicrobianas e antioxidantes **[101]** **(figura 24, 25, 26)**. Os OEs são produzidos por tricomas glandulares em Lamiaceae, cavidades secretoras em Myrtaceae e Rutaceae, e ductos de resina em Asteraceae e Apiaceae **[102]**. Estas estruturas abrem-se quando os herbívoros se alimentam ou se deslocam na superfície das plantas, libertando grandes quantidades de compostos. Os OEs desempenham um papel nas defesas das plantas contra pragas de artrópodes, quer direta quer indiretamente **[103]**, para além do seu papel no desencadeamento do processo de revitalização da planta através de processos de reprodução como atractivos de polinizadores e disseminadores de sementes, e termotolerância da planta **[104]**. As reacções diretas de defesa contra os insectos pragas visam os sistemas biológicos dos insectos, tais como os sistemas digestivo e nervoso, bem como os órgãos endócrinos, e podem ser tóxicas e repelentes, dando origem a uma antinutrição e a uma digestibilidade reduzida, a um crescimento deficiente e a uma reprodução reduzida **[103]**. As respostas indirectas, por outro lado, são específicas de cada inseto e a sua composição varia em função do inseto que ataca. Podem também incluir a libertação de químicos que atraem os inimigos naturais dos herbívoros através da emissão de compostos aromáticos que atraem ou favorecem outros organismos, o que reduz as populações de herbívoros **[103]**.

11.1 Componentes do óleo essencial

Os óleos essenciais contêm duas categorias químicas de acordo com as suas vias de síntese metabólica: (i) fenilpropanóides com um pequeno peso molecular, bem como (ii) terpenóides (monoterpenos, sesquiterpenos). A via do fosfato de metileritritol é responsável pela produção de monoterpenos nos plastídeos. Por outro lado, os sesquiterpenos são produzidos no citosol pela via do mevalonato **[105, 106]**.

Os derivados do benzeno, os hidrocarbonetos, os terpenos e outros compostos são os quatro tipos de voláteis dos OEs **[105]**. Os monoterpenóides representam cerca de 90% de todos os OEs e têm um conjunto diversificado de funções e caraterísticas estruturais. Os ácidos (ácido crisantémico), os álcoois acíclicos (citronelol, geraniol), os aldeídos (citronelal), os álcoois cíclicos (mentol) e os fenóis (timol) são também compostos relacionados **[107]**. Os constituintes químicos dos óleos essenciais variam entre espécies do mesmo género, bem como entre partes de plantas, factores geográficos, época de colheita, estação do ano, clima e método de extração **[108]**. Por exemplo, a concentração de 1,8-cineol em *Eucalyptus citriodora* (18,9%), *E. globulus* (31%), *E. radiata* (63,3%) e *E. saligna* (45,2) variou **[109]**. A identificação de óleos essenciais de plantas pode ser ilustrada como na Fig. (21) **[110]**.

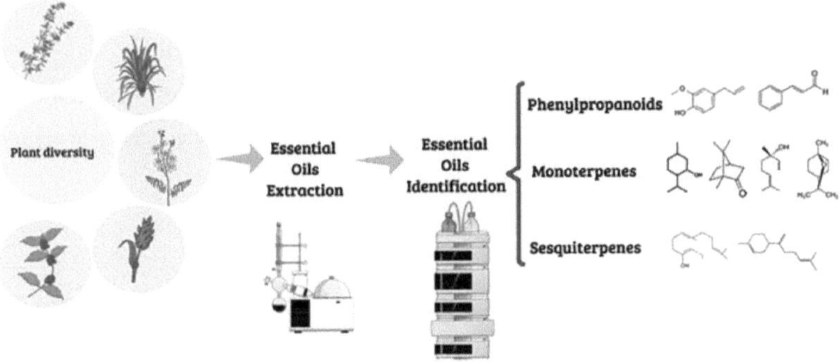

Fig. 27. Identificação de óleos essenciais extraídos de plantas [110].

11.2 Caraterísticas pesticidas dos óleos essenciais

Os óleos essenciais possuem uma variedade de acções biopesticidas contra Coleoptera, Diptera, Hemiptera, Isoptera e Lepidoptera, variando de efeitos letais a subletais **[105,110]**. As variações nos componentes de diversos OEs são responsáveis por uma vasta gama de mecanismos de ação, como os antinutricionais, a inibição do desenvolvimento, a toxicidade aguda e a repelência **[23]**. Para além das diferentes sequências de ação fitoquímica, a toxicidade dos OEs tem sido correlacionada com uma variedade de outros factores. O local onde a toxina entra no inseto é um desses factores. Os modos típicos de entrada são a inalação, a ingestão ou a absorção cutânea pelo inseto (figura 27) **[111]**. Os óleos essenciais de *Artemisia spp.* são repelentes e tóxicos para escaravelhos coleópteros como *Tribolium castaneum*, *Callosobruchus* *maculatus* e *Sitophilus spp*. Também os OEs de *Eucalyptus spp*. mostraram adulticida, repelente, oviposição, toxicidade de contacto e toxicidade fumigante contra escaravelhos coleópteros **[112]**. Num estudo semelhante, foi observada a toxicidade de três espécies de *eucalipto*, *E. citriodora*, *E. globulus* e *E. staigeriana*, contra a carraça *Boophilus microplus* **[113]**.

Muitos extractos de plantas com propriedades bioinsecticidas e óleos essenciais contêm uma elevada concentração de monoterpenóides. Os monoterpenóides são potenciais agentes de controlo de pragas devido às suas propriedades antifeedantes, repelentes de toxicidade aguda, larvicidas, adulticidas, ovicidas e pupicidas **[114,115]**.

11.3.Monoterpenos mais estudados com actividades pesticidas

O número de estudos sobre as actividades pesticidas dos monoterpenos aumentou nas últimas décadas (Fig. 27,28) **[116]**. As actividades pesticidas de alguns monoterpenos selecionados são discutidas a seguir.

Citronelal

Um monoterpeno acíclico citronelal encontra-se nos óleos de citronela e de eucalipto. O citronelal e os OEs que contêm citronelal apresentam actividades fumigantes e herbicidas **[116]**. O citronelal é utilizado como fumigante contra *Anopheles gambiae*, *Bemisia tabaci*, *Drosophila suzukii* **[117,118]**. Os OEs contendo citronelal de *Cymbopogon zeylanicym*, *C. winterianus* e *E. citriodora* mostraram uma ação herbicida contra *Arabidopsis thaliana* e *Phalaris minor* **[119,120]**.

Linalol

O linalol, monoterpeno acíclico, com propriedades insecticidas e antimicrobianas, pode ser obtido a partir de óleos essenciais como *Citrus sinensis* e *Pimpinella anisum*. Tem toxicidade fumigante e anti-alimentar para adultos de *B. tabaci*, larvas de *Aedes aegypti* e *A. albopictus*, bem como percevejos resistentes à deltametrina *Cimex lectularius* **[121-123]**. Um OE de *Pimenta dioica* com linalol como componente principal pode inibir completamente o crescimento micelial de *Aspergillus flavus* **[124]**. Além disso, em concentrações elevadas, o linalol é antibacteriano contra as bactérias patogénicas das plantas *Agrobacterium tumefaciens* e *Erwinia carotovora* **[125]**.

Geraniol

Foi demonstrado que o geraniol, um monoterpeno acíclico, apresenta toxicidade contra diferentes espécies de insectos, fungos fitopatogénicos e pragas de nemátodos. Por exemplo, foi tóxico para *C. lectularius* que é resistente à deltametrina, bem como mostrou toxicidade fumigante para *B. tabaci* [**118,126**]. O óleo essencial de *Melissa officinalis* que contém geraniol tem uma notável toxicidade de contacto, de fumigação e repelente contra *T. castaneum* [**127**]. Além disso, o geraniol mostrou atividade antifúngica contra *Colletotrichum fructicola* e *C. acutatum* [**128**], bem como atividade nematicida contra *Meloidogyne javanica*, *Caenorhabditis elegans* e *Meloidogyne incognita* [**129**].

Citral

O citral, um monoterpeno acíclico, é abundante nos OEs derivados de *Cymbopogon citratus* e *Rosmarinus officinalis* [**130,131**]. Os OEs contendo citral e citral apresentaram actividades tóxicas contra insectos, fungos fitopatogénicos e pragas de nemátodos. O óleo essencial de *R. officinalis* foi tóxico para as larvas da traça noctuídea, *Trichoplusia ni* [**131**]. Também tem toxicidade de fumigação contra *Plutella xylostella*, *C. maculatus*, *S. zeamais*, e *B. tabaci* [**118,121,132**], bem como atividade antifúngica contra *Fusarium culmorum*, *F. graminearum*, *C. fructicola*, e *C. fructicola* [**133**]. Além disso, o citral exerce uma ação nematicida contra a fase juvenil 2nd e impede a eclosão de ovos de *M. incognita* [**134**].

Eugenol

O eugenol é um composto monocíclico encontrado no óleo essencial *de Syzygium aromaticum* [**135**]. Estudos laboratoriais revelaram o seu elevado efeito tóxico contra insectos, ácaros e nemátodos. Teve uma boa toxicidade de contacto contra *Periplaneta americana*, *B. germanica* e formigas carpinteiras *Camponotus pennsylvanicus* [**135,136**]. *Bemisia tabaci*, *P. xylostella*, *Cimex lectularius* e *Bradysia procera* podem ser fumigadas por ele [**118,126,132,137**]. Figura (28,29) Além disso, o eugenol mostrou atividade nematicida contra *Caenorhabditis elegans* juvenis 2nd fase, M. javanica, e *M. incognita* [**138,139**].

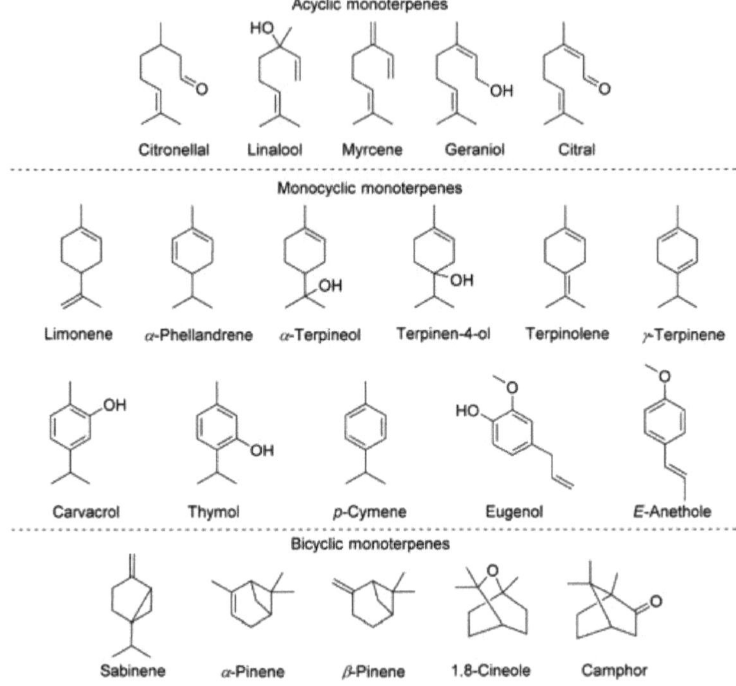

Fig. 28. Estrutura molecular dos monoterpenos pesticidas mais frequentemente estudados [116].

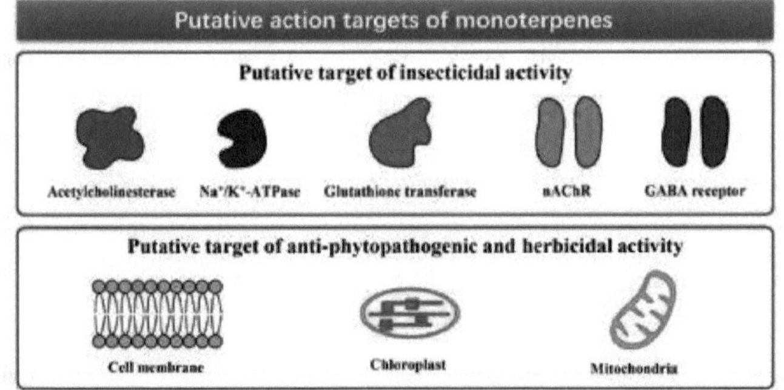

Fig. 29. Potenciais alvos de ação dos monoterpenos [116].

12. Outras classes de pesticidas botânicos

Os pesticidas botânicos também podem ser classificados com base na sua ação sobre os insectos nocivos como repelentes, atractivos, antifeedantes ou dissuasores, conforme descrito no Quadro 3. Por vezes, uma substância pode funcionar como inseticida e/ou repelente.

Tabela 3. Inseticidas botânicos de diferentes famílias de plantas e seus efeitos insecticidas em diferentes insectos pragas.

Espécies de plantas	Família de plantas	Principais compostos bioactivos	Inseto-alvo	Ordem dos insectos	Mecanismo de ação	Ref.
Azadirachta indica	Meliáceas	Azadiractina	*Leptinotarsa* decemlineata	Coleópteros	Efeito antifeedante	[140]
Allium sativum	Amaryllidaceae	Sulfureto de dialilo, dissulfureto de dialilo e trissulfureto de dialilo	*Tribolium* castaneum	Coleópteros	Repelência, toxicidade e inibição do aparecimento de descendentes	[141]
Curcuma longa	Zingiberaceae	Curcumina				
Cinnamomum zeylanicum	Lauraceae	Cinamaldeído, Eugenol	*Sitophilus* oryzae	Coleópteros	Toxicidade	[142]
Syzygium aromaticum	Myrtaceae	Eugenol				

Citrinos limões	Rutáceas	D-limoneno e α-pineno				
Citrus aurantium	Rutáceas	D-limoneno				
Agave americana	Asparagaceae	Fenólicos, flavonóides e saponinas	*Sitophilus* oryzae	Coleópteros	Repelência e enzima efeitos inibitórios	[143]
Dittrichia viscosa	Asteraceae	Isómeros do ácido α- e γ- cóstico	*Sitophilus* granarius	Coleópteros	Dissuasão alimentar	[144]
Artemisia annua	Asteraceae	Monoterpenos e sesquiterpenos	*Tribolium* castaneum	Coleópteros	Repelência e enzima efeitos inibitórios	[145]
Eucalyptus camaldulensis.	Myrtaceae	1,8-cineol	*Acanthoscelides* obtectus	Coleópteros	Fecundidade e inibição da fecundidade	[146]
Mentha piperita	Lamiaceae	L-mentol, neoisocarvomentol e eucaliptol				
Pimpinella anisum	Apiáceas	Trans-anetole				
Tetrapleura tetraptera	Mimosáceas	Fenóis, flavonóides, saponinas e alcalóides	*Callosobruchus* maculatus	Coleópteros	Redução da oviposição e inibição do	[147]

Annona muricata	Anonáceas	Acetogeninas de anonáceas			aparecimento de adultos	
Aframomum melegueta	Zingiberaceae	3-arilalcanos, 6-paradol, 6-shogaol, 6-gingerol, triterpeno pentacíclico e ácido oleanólico				
Eucalipto globulus	Myrtaceae	Ácido gálico, ácido elágico, ácido citramálico e ácido cítrico.				
Ficus exasperata	Moráceas	Terpenos, flavonóides e fenóis				
Cymbopogon citratus	Poaceae	Citral, citronelol, geraniol, limoneno	*Sesamia cretica*	Lepidópteros	Toxicidade e alterações biológicas e bioquímicas induzidas (Fig. 24).	[148]
Allium sativum	Amaryllidaceae	Sulfureto de dialilo, dissulfureto de dialilo e				

		trissulfureto de dialilo				
Allium sativum	Amaryllidaceae	Sulfureto de dialilo, dissulfureto de dialilo e trissulfureto de dialilo	*Spodoptera littoralis* *Agrotis ipsioln*	Lepidópteros	Toxicidade e indução de interrupção do crescimento	[149]
Pelargonium sp.	Geranáceas	Geraniol, eugenol, isomentona e linalol			Inibição da eclosão e da emergência de adultos (Fig. 25, 26).	
Spheranthus amaranthroids	Asteráceas	Alcalóides, fenólicos, saponinas, flavonóides e taninos	*Spodoptera* litura	Lepidópteros	Larvicida e enzimático efeitos inibitórios	[150]
Plumbago zeylanica	Plumbaginaceae	quitranona, plumbagina, sitosterol e flavonóides	*Plodia* interpunctella	Lepidópteros	Inibição da eclosão e da emergência de adultos	[151]
Azadirachta indica	Meliáceas	Azadiractina	*Helicoverpa* armigera	Lepidópteros	Redução da	[152]

Millettia ferruginea	Fabáceas	Alcalóides, antraquinnes e flavonóides			população de larvas	
Manihot esculenta	Euphorbiaceae	Ácido 9, 12-Octadecadienóico e Lupeol	*Spodoptera* litura	Lepidópteros	Resposta imunitária e atividade das enzimas antioxidantes	[153]
Piper nigrum	Piperaceae	β-cariofileno, óxido de cariofileno e α-copaeno	*Megalurothrips* sjostedti	Thysanoptera	Atividade de repelência	[154]
Cinnamomum zeylanicum	Lauraceae	Cinamaldeído, trans-cadina-1(6) e 4-dieno				
Cinnamomum cassia	Lauraceae	Cinamaldeído e (E)-orto-metoxi cinamaldeído				

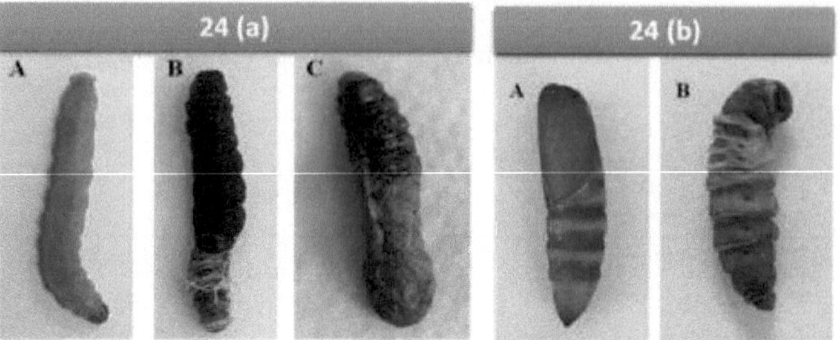

Fig. 29(a). Larvas de *S. cretica* malformadas após o tratamento de larvas de 6th instares com LC_{50} de óleo de alho. (A) Larva normal, (B,C) Larvas malformadas. **Fig. 29(b).** Malformações resultantes do tratamento de larvas de 6th instar comestíveis por diapausa com LC_{50} de óleo de capim-limão. (A) Pupa normal, (B) larva-pupa intermédia [148].

Fig. 29. *A. ipsilon* a) traça adulta malformada e b) intermediário larva-pupa resultante do óleo de gerânio 5,0% conc. [149].

Fig. 29. Larvas malformadas (larva-pupas intermédias) de *S. littoralis* resultantes do óleo de alho a 2,5% conc. [149].

12.1. Propriedades fumigantes

Dado que os compostos activos das OE são facilmente convertidos em vapor à temperatura ambiente, têm uma variedade de actividades insecticidas e penetram rapidamente, podem constituir potenciais substitutos dos fumigantes habitualmente utilizados. Foram realizados numerosos trabalhos de investigação sobre a utilização de substâncias OE de plantas como fumigantes de insectos. O mecanismo de ação dos óleos é principalmente na forma gasosa e através do sistema respiratório. O vapor abre os espiráculos porque a maioria dos insectos respira através da traqueia. A asfixia ocorre como resultado do bloqueio da respiração traqueal e, consequentemente, o inseto morre **[155]**. A fumigação de óleos essenciais contra insectos de produtos armazenados *Sitophilus spp.* e *T. castaneum* despertou o interesse de muitos investigadores **[156,157]**. Os monoterpenóides são essencialmente voláteis e causam efeitos tóxicos, como os fumigantes, devido à sua capacidade de penetração na cutícula dos insectos. Foi afirmado que o acetato de linalilo, o linalol, a pulegona e o limoneno em *Mentha piperita* causaram toxicidade fumigante a *S. oryzae* **[158]**.

12.2. Propriedades antifeedantes

A atividade antifeedante foi anteriormente associada a um mecanismo de quimiorreceção que implica o bloqueio dos receptores que normalmente respondem a fagostimulantes ou o reforço das células de dissuasão, o que é considerado antifeedância primária. Foi mencionado que a azadiractina impede a transmissão colinérgica dos neurónios associados ao gânglio subesofágico da *Drosophila melanogaster*, que está fortemente ligado ao comportamento alimentar **[159]**. Além disso, o consumo de alimentos pode ser reduzido devido a acções tóxicas que promovem a adstringência, o sabor amargo ou a atividade anti-digestiva em alguns herbívoros após a primeira ingestão de alimentos **[159]**. Foi mencionado que o schimperi, um galotanino obtido de *Anogeissus schimperi* (Combretaceae), era responsável pelo sabor desagradável nos herbívoros **[160]**.

As substâncias antifeedantes podem impedir a alimentação após o contacto, ou podem atuar como repelentes sem entrar em contacto direto com os insectos **[107]**. A utilização de OEs de plantas na gestão de pragas é um aspeto importante das suas propriedades antifeedantes (Quadro 2). A dissuasão da alimentação pode ser medida utilizando factores como: (i) o índice de dissuasão da alimentação (FDI), (ii) a eficiência da conversão do alimento ingerido (ECI), (iii) a taxa de crescimento relativo (RGR) e (iv) a taxa de consumo relativo (RCR). Por exemplo, enquanto os OEs de *Artemisia sieberi* e *A. scoparia* tiveram ação antialimentar em *T. castaneum*, o OE de *A. sieberi* foi mais oficioso do que o OE de *A. scoparia* e reduziu notavelmente a RGR e a RCR. Em termos de FDI, o óleo de *A. sieberi* teve um melhor desempenho do que o óleo *de A. scoparia* **[161]**. Num estudo anterior, verificou-se que os OEs de *Carum* *copticum* e *Vitex pseudonegundo* aumentaram a FDI quando utilizados contra *C. maculatus* **[162]**.

Os óleos essenciais têm o potencial de influenciar os parâmetros nutricionais, interferindo com os processos pré e pós-ingestivos. Como resultado, o comportamento alimentar de um inseto pode levar a um menor consumo e, consequentemente, a uma taxa de crescimento mais lenta. Apesar do facto de muitos produtos vegetais naturais actuarem como antifeedantes, não foram desenvolvidos produtos comerciais com base nesta caraterística **[163]**. O facto de os insectos evitarem os deterrentes alimentares limita severamente a sua utilidade no controlo das pragas.

12.3.Propriedades repelentes

Muitos óleos essenciais são compostos principalmente por monoterpenos e são repelentes altamente eficazes. Por exemplo, *Eucalyptus globulus*, *Cymbopogon flexuosus*, *Thymus vulgaris*, *Rosmarinus officinalis* e *Eugenia caryophyllus* **[164]**. Os repelentes não causam a morte dos insectos, mas mantêm-nos afastados, emitindo vapores pungentes ou apresentando um efeito ligeiramente tóxico. Foram publicados trabalhos de investigação anteriores sobre as actividades de diferentes óleos essenciais como repelentes, conforme descrito no Quadro 2. Os repelentes protegem as culturas dos insectos, causando um mínimo de danos ambientais. A repelência dos artrópodes varia; por exemplo, observou-se que o óleo essencial *de Prangos acaulis* tinha uma ação repelente variada sobre *S. oryzae*, *C. maculatus* e *T. castaneum* que era de 83,6%, 71,6% e 63,6%, respetivamente **[165]**.

12.4.Atractores

Os atractivos são substâncias semioquímicas ou de comunicação que as plantas libertam para atrair insectos ou predadores naturais de insectos que se alimentam da planta **[166]**. A libertação de (-) e (+) limoneno de *Pinus strobus* (Pinaceae) foi associada à atração do escaravelho da pinha branca, *Conophthorus coniperda* (Curculionidae), bem como do escaravelho predador, *Enoclerus nigripes* (Cleridae), através da libertação de (-) α-pineno **[167,168]**.

12.5.Tóxicos

A utilização de óleos essenciais derivados de plantas como substâncias tóxicas é uma escolha apelativa, uma vez que são eficientes e já foram utilizados anteriormente. Os terpenos têm sido associados à eficácia dos óleos essenciais contra a maioria das pragas de insectos **[109]**. O carvacrol, o 1,8-cineol, o timol, o eugenol, o -pineno e o limoneno, por exemplo, mostraram toxicidade para diferentes pragas de insectos. A toxicidade inseticida contra *Aphis craccivora* foi observada quando os feijões *faba* foram tratados com uma formulação de óleo de nim **[169]**. Além disso, no seu estudo, foi observada uma mortalidade cumulativa de adultos de até 100% após sete dias. Os terpenos como a carvona, o linalol, o terpeniol, a felandrina e o citronelol dos óleos de alho e de menta apresentaram uma atividade inseticida contra *A. ipsilon* em várias fases de crescimento **[170]**.

12.6.Retardadores de crescimento e inibidores de desenvolvimento

Numerosos estudos, tal como descritos no Quadro 2, descobriram que os OEs de plantas e os seus constituintes interrompem o crescimento dos insectos e reduzem o peso corporal durante diferentes fases, prolongando assim o tempo de desenvolvimento **[171]**. Além disso, podem ser observados efeitos alargados nas taxas de emergência de larvas, pupas e adultos **[107]**. Por exemplo, os OEs obtidos da azadiractina e das sementes de nim aumentaram a mortalidade das ninfas de pulgões em 80 e 77%, respetivamente, e causaram um período de maturação mais longo até à fase adulta **[172]**. Foi também demonstrado que o óleo de manjericão prolongou a fase de ninfa de *Aphis craccivora*, resultando num menor número de adultos **[169]**.

12.7Inibidores da fertilidade/reprodução

A infertilidade pode ser causada por uma técnica de esterilidade induzida de insectos ou pela utilização de um quimioesterilizante que inibe a reprodução **[173]**. Os quimioesterilantes podem causar esterilidade permanente ou temporária nos insectos machos ou fêmeas, bem como perturbar o desenvolvimento sexual da larva ao adulto **[174]**. Os insecticidas botânicos, como a azadiractina, interferem com a síntese e a libertação de hormonas de muda da glândula protorácica, dando origem a uma ecdise imperfeita nos insectos imaturos e a infertilidade nas fases adultas **[23]**. Verificou-se que as pupas de *Tenebrio molitor* eram mais susceptíveis ao dissulfureto de dialilo e ao sulfureto de dialilo do que as larvas e as fases adultas; esta diferença estava relacionada com a forma como os constituintes do alho penetram no corpo do inseto e com a capacidade do inseto para dissolver estas substâncias **[175]**.

12.8.Ação sinérgica dos óleos essenciais

Os resultados da investigação mostram que as misturas ou combinações de compostos de OE têm efeitos tóxicos aditivos, sinérgicos e/ou antagonistas em muitas ordens de insectos **[176,177]**. A sinergia observada nos OEs pode ser devida aos diferentes mecanismos de ação dos seus constituintes químicos. A utilização de grupos de monoterpenóides em interação sinérgica encontrados em produtos, por exemplo, permite uma maior atividade inseticida utilizando menos constituintes activos **[176]**. O raciocínio subjacente à combinação de OEs é formular um produto superior com múltiplos modos de ação, com o produto a proporcionar uma maior eficácia do que os efeitos totais dos componentes químicos conhecidos e desconhecidos dos OEs individuais. Estudos anteriores indicaram que os componentes dos OEs que contêm o maior teor de cânfora funcionam sinergicamente **[178]**. A combinação da cânfora e do 1,8-cineol, por exemplo, aumentou a penetração da cutícula, resultando num efeito tóxico sinérgico nas larvas da lagarta da couve. As modificações melhoraram a capacidade da mistura de dois óleos para penetrar na cutícula, resultando numa tensão superficial mais baixa e numa maior solubilidade **[176]**. A interação sinérgica da mistura foi muito provavelmente determinada por factores relevantes para o local-alvo, como a capacidade dos monoterpenóides de funcionarem em diferentes locais do sistema nervoso de um inseto **[177]**.

12.9. Fitotoxinas/herbicidas

As fitotoxinas são herbicidas naturais que as espécies vegetais emitem naturalmente para impedir o crescimento ou a germinação de alvos específicos, como as ervas daninhas, dando à planta geradora uma maior hipótese de sobreviver. A alelopatia é uma ação natural que é promovida por compostos conhecidos como agentes alelopáticos **[179]**. A atividade herbicida do óleo de citronela contra várias espécies de ervas daninhas foi investigada; matou eficazmente a folhagem das espécies de ervas daninhas num único tratamento. No entanto, a maioria das espécies recuperou significativamente após dois meses, com exceção de *Senecio jacobaea* L. (Asteraceae) **[180]**. Foi relatado que os fitoconstituintes isolados, como o eugenol e o 1,8-cineol, têm uma atividade herbicida mediada pela inibição da síntese de ADN e da mitose **[181]**.

13. fototoxinas

As fototoxinas, também conhecidas como compostos activados pela luz, são uma forma de fitoconstituintes que, em vez de serem degradados pela luz solar, são melhorados ou activados por dois mecanismos diferentes. O primeiro mecanismo, pouco comum, é o mecanismo em que o oxigénio molecular derivado das fototoxinas absorve a energia da luz, produzindo oxigénio ativado que acaba por danificar biomoléculas importantes **[182]**. O segundo é foto-genotóxico, neste mecanismo os fitoquímicos danificam o ADN quando activados pela luz solar, quer o oxigénio esteja presente na fototoxina ou não. A fototoxina absorve o fotão no seu estado fundamental, permitindo-lhe atingir o seu estado excitado, onde interage com o estado fundamental O_2 no tecido do alvo, produzindo oxigénio singlete e permitindo a atividade inseticida. Dado que o modo de ação das fotoxinas é tão diferente do dos pesticidas sintéticos convencionais, a resistência cruzada é improvável **[183]**. Várias classes de fototoxinas activadas pela luz incluem as quinonas, as furanocumarinas, os acetilenos substituídos e os tiofenos. Foram comunicadas várias fototoxinas, incluindo o 3-metil-3-fenil-1,4-pentadiyne, um fitoconstituinte da *Artemisia monosperma* que, quando exposto à luz solar, tem um modo de ação semelhante ao do DDT contra as larvas *de Musca domestica* e *S. littoralis* **[184]**.

14. extração de metabolitos vegetais

O material vegetal é desengordurado com n-hexano e extraído com MeOH. O extrato de MeOH é concentrado sob vácuo, suspenso em água desionizada (pré-saturada com n-butanol) e particionado com n-butanol. Adiciona-se éter dietílico à partição de butanol para precipitar a fração de saponina (20)

As substâncias activas das plantas podem ser extraídas utilizando as seguintes técnicas:

14.1.Homogeneização de tecidos vegetais

Este método tem sido amplamente utilizado com solvente. As partes frescas da planta (secas ou húmidas) são trituradas num misturador até se obterem partículas finas, sendo depois adicionada uma quantidade específica de solvente e a mistura é agitada vigorosamente durante 5 a 10 minutos, ou deixada em repouso durante 24 horas e depois filtrada. O filtrado pode ser seco sob pressão reduzida e redissolvido no solvente para medir a concentração **[185]**.

14.2 Extração exaustiva em série

Implica a extração subsequente com solventes de polaridade crescente, desde um solvente não polar (hexano) até um solvente mais polar (metanol), para garantir a extração de uma vasta gama de compostos de polaridade **[185]**.

14.3.extração em Soxhlet

Este método é utilizado apenas quando o composto desejado é pouco solúvel num solvente e a impureza é insolúvel nesse solvente. Se o composto desejado for solúvel num solvente, pode ser separado da substância insolúvel utilizando uma filtração simples (Fig. 30) **[186]**.

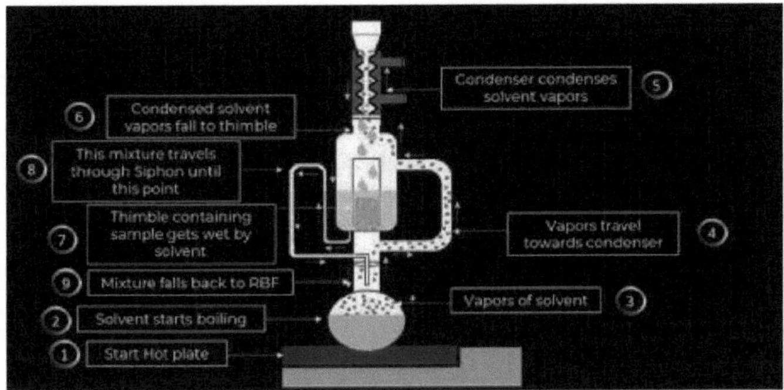

Fig. 30. Processo de extração em Soxhlet.

Maceração

A maceração é para o extrato fluido; envolve manter a planta inteira ou em pó grosseiro em contacto com o solvente num recipiente fechado durante um determinado período de tempo com agitação constante até que a substância solúvel seja dissolvida (Fig. 31) **[187]**.

Decocção

Este método extrai apenas as substâncias solúveis em água e estáveis ao calor do extrato bruto, fervendo-o durante 15 minutos em água, arrefecendo, coando e passando água fria suficiente através do resíduo para produzir a quantidade necessária **[188]**.

Infusão

É uma solução diluída dos compostos facilmente solúveis do extrato bruto. É preparado macerando os sólidos em água fria ou quente durante um curto período de tempo **[188]**.

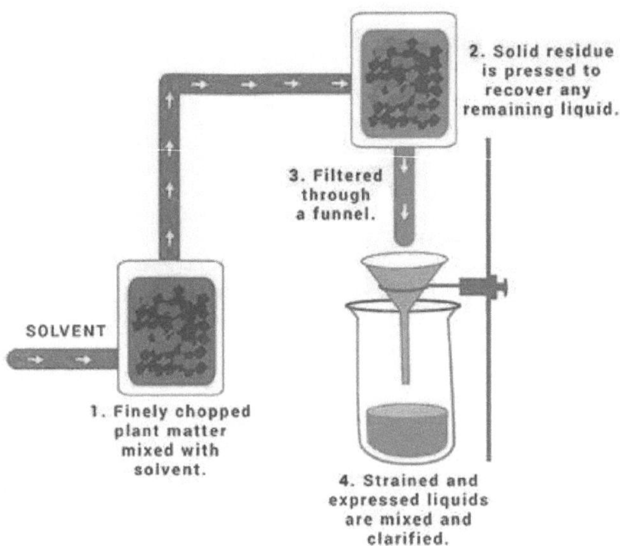

Fig. 31. Processo de extração por maceração.

Digestão

Este é um tipo de maceração que emprega pouco calor durante o processo de extração. Sempre que uma temperatura moderadamente elevada não seja censurável, é utilizada para aumentar a eficácia do solvente **[188]**.

Percolação

No fabrico de tinturas e extractos fluidos, este é o método mais utilizado para a extração de constituintes activos, no qual se utiliza um percolador (um recipiente estreito, em forma de cone, aberto em ambas as extremidades). Antes de se embalar e fechar a tampa do coador, as substâncias sólidas são hidratadas com um nível adequado do menstruo especificado e deixadas em repouso durante cerca de 4 horas num recipiente hermeticamente fechado. A mistura é então macerada no percolador fechado durante 24 h. A saída do percolador é então aberta, permitindo que o líquido no seu interior goteje lentamente **[189]**.

15. análise dos fitoconstituintes

As técnicas seguintes podem ser utilizadas para analisar os fitoquímicos tanto qualitativa como quantitativamente;

(i) Cromatografia gasosa e espetroscopia de massa (GCMS)

Pode ser utilizado com amostras sólidas, líquidas e gasosas. As amostras são gaseificadas antes de serem analisadas utilizando o rácio massa/carga, pelo que a análise quantitativa é a aplicação mais comum **[190]**.

(ii) Cromatografia líquida de alta eficiência (HPLC)

Isto é exato para compostos solúveis em solventes que não se evaporam ou decompõem a temperaturas elevadas. A HPLC pode efetuar análises quantitativas e qualitativas num único ciclo **[191]**.

(iii) Cromatografia de camada fina de alto desempenho (HPTLC)

Pode ser utilizada para a separação e identificação de fitoconstituintes, bem como para a análise qualitativa e quantitativa. Para além da análise por cromatografia micropreparativa **[190]**.

(iv) Cromatografia laminar de desempenho ótimo (OPLC)

Reúne as vantagens da HPTLC e da HPLC **[192]**.

16. formulações de pesticidas botânicos

De acordo com o seu estado físico, as formulações de pesticidas botânicos são classificadas em dois tipos: formulações líquidas e formulações secas. As formulações líquidas podem ser formulações à base de água, à base de óleo, à base de polímeros e formulações líquidas combinadas. Nas formulações à base de água devem ser adicionados estabilizadores, adesivos, tensioactivos, corantes, compostos anticongelantes e outros ingredientes inertes. As formulações aquosas incluem suspensões concentradas, suspo-emulsões e suspensões em cápsulas. Nas formulações secas, podem ser utilizadas várias tecnologias, incluindo secagem por pulverização, liofilização e secagem ao ar, para produzir formulações secas. São formuladas através da combinação de um aglutinante, um dispersante e um agente molhante, e podem apresentar-se sob a forma de pó, pós e grânulos **[193]**.

17. factores que influenciam os pesticidas botânicos

Os factores que afectam os pesticidas botânicos podem ser resumidos da seguinte forma **[194]**;

1. Fornecimento de matérias-primas.

2. Os extractos botânicos com uma combinação interactiva de ingredientes activos são regulamentados.

3. Organismos vegetais, partes de plantas e tipos de solventes.

4. Factores ambientais e decomposição rápida.

5. Perspectivas do mercado dos pesticidas botânicos.

6. Registo no Estado.

18. Persistência dos pesticidas botânicos

Devido à sua natureza biológica, os pesticidas botânicos degradam-se rapidamente e não permanecem no ambiente, incluindo a água e o solo, reduzindo assim o risco de poluição. A exposição ao ar, à luz solar, à humidade e a temperaturas elevadas degrada os seus constituintes **[195]**. O timol, um ingrediente comum na *Satureja hortensis*, *Thymus vulgaris*, *Piper nigrum* e *Zataria multiflora*, por exemplo, degrada-se à luz do sol em cerca de 28 horas e nos solos em cerca de 8 dias **[196]**. Por outro lado, a azadiractina tem uma semi-vida de 1-2 dias nas culturas e no solo **[197]**. Além disso, os extractos de plantas utilizados como pesticidas, como o neem, degradam-se quando sujeitos à luz solar, o que implica que se degradam com a mesma rapidez após a aplicação **[195]**. Além disso, os insecticidas à base de piretro duram apenas algumas horas em condições de campo **[198]**. Foi afirmado que as piretrinas naturais se degradam de 100% para 1% em 5 horas, quando sujeitas à luz solar e ao oxigénio **[195]**. Os microrganismos nos sistemas ecológicos aceleram a biodegradação através do metabolismo oxidativo devido à abundância de enzimas de desintoxicação (Fig. 31) **[199]**. A hidrólise das ligações éster é uma via de biodegradação conhecida que é facilitada por enzimas carboxilesterases produzidas por microrganismos como *Bacillus cereus* e *Aspergillus niger* **[200]**. Os microrganismos do solo produzem enzimas que decompõem os pesticidas botânicos em formas degradáveis menos tóxicas, antes de converterem esses metabolitos num estado biologicamente inativo e não tóxico **[201]**.

A eficiência dessa bioremediação depende do crescimento da população microbiana e dos factores de sobrevivência (salinidade - pH - água - fornecimento de oxigénio). A natureza dos microrganismos, as suas interações com os pesticidas e os factores ambientais têm todos um impacto na degradação microbiana eficaz dos pesticidas (Fig. 31) **[202]**. A rápida degradação dos pesticidas botânicos beneficia a conservação do ambiente.

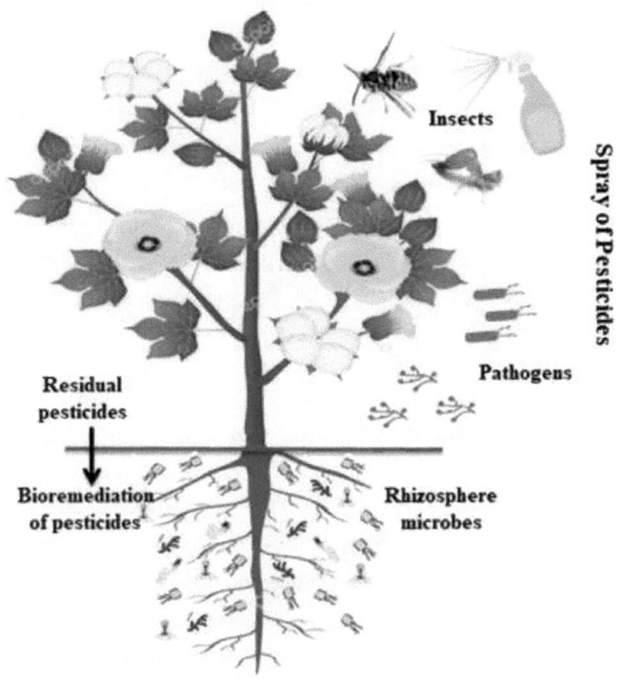

Fig. 31. Degradação de pesticidas por microrganismos [199].

19. Segurança dos pesticidas botânicos

Os pesticidas botânicos estão a atrair a atenção para a gestão de pragas devido à sua baixa toxicidade para os mamíferos. $_{50}$No entanto, alguns compostos de óleos essenciais puros (carvacrol, pulegona) revelaram uma ligeira toxicidade com valores de DL oral aguda para ratos de 23 g kg, mas um inseticida à base de óleos essenciais que contém uma mistura de compostos de óleos essenciais não causou qualquer mortalidade quando administrado a ratos a 2 g kg **[203]**. Uma vez que muitos óleos essenciais e os seus constituintes são normalmente utilizados como ervas aromáticas e especiarias, os produtos pesticidas que contêm óleos essenciais e constituintes específicos estão excluídos dos requisitos de dados de toxicidade da EPA. Nos ensaios de toxicidade em água estática com trutas arco-íris juvenis, o eugenol é aproximadamente 1500 vezes menos tóxico do que o inseticida botânico piretro e 15 000 vezes menos tóxico do que o inseticida organofosforado azinfosmetilo, com base nos valores de 96 h-LC_{50} **[204]**. Além disso, os testes laboratoriais demonstram que o eugenol e outros componentes do óleo essencial não são persistentes na água doce. Além disso, estes componentes não são persistentes nos solos em condições aeróbicas a 23ºC, com a semi-vida do a-terpineol a variar entre 30 e 40 h, e a degradar-se completamente após 50 h **[205]**. No solo, as bactérias *Pseudomonas* degradam completamente o eugenol em ácidos orgânicos comuns. As preocupações com os resíduos de pesticidas dos óleos essenciais nas culturas alimentares devem ser atenuadas tendo em conta o facto de alguns componentes dos óleos essenciais obtidos através da alimentação serem, na realidade, benéficos para a saúde humana **[206]**.

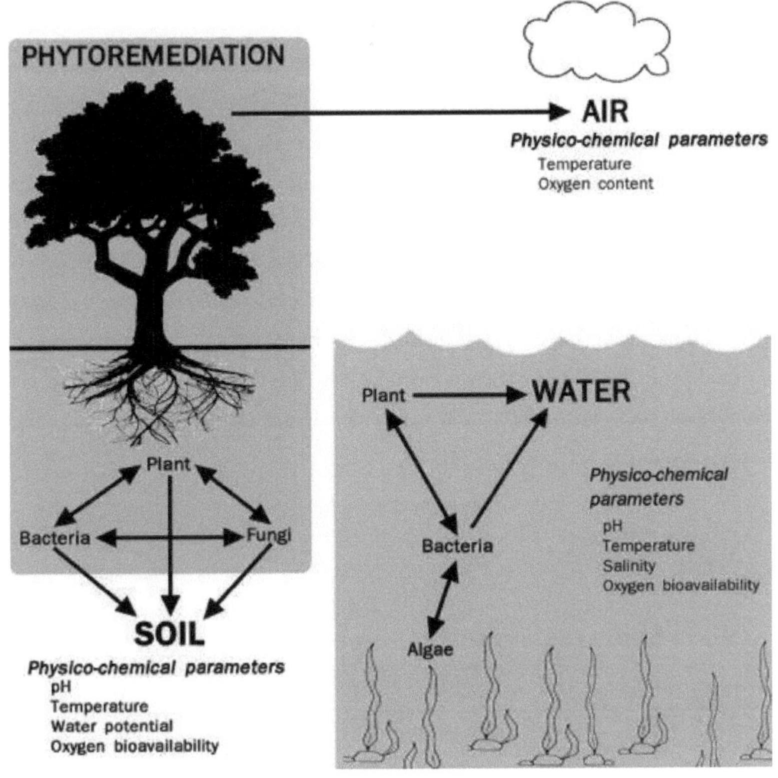

Fig. 32. Diferentes factores que influenciam a biodegradação [201].

20. Comercialização de pesticidas à base de óleos essenciais

Foram identificados três obstáculos à comercialização de novos produtos insecticidas botânicos: (1) falta de recursos naturais, (2) necessidade de normalização química e de controlo de qualidade e (3) dificuldades de registo **[207]**. Dado que os óleos essenciais e as suas substâncias puras têm uma longa história de utilização mundial nas indústrias alimentar e de aromas e, mais recentemente, no domínio da aromaterapia, muitos óleos e/ou componentes pesticidas estão facilmente disponíveis em quantidade a um custo baixo ou moderado. O sucesso comercial destes produtos de base química bem conhecidos irá quase de certeza encorajar o desenvolvimento e a comercialização de futuros pesticidas baseados em óleos essenciais mais exóticos com uma eficácia ainda maior **[208]**. Alguns pesticidas comerciais derivados de fontes botânicas são ilustrados na Fig. (32) **[110].**

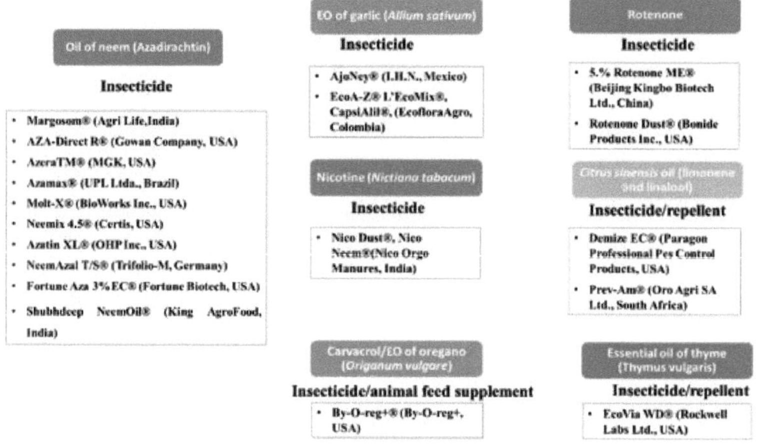

Fig. 33. Alguns dos produtos comerciais de pesticidas à base de fontes botânicas [110].

21. Vantagens/desvantagens dos pesticidas botânicos

Vantagens dos pesticidas botânicos

Os benefícios dos pesticidas à base de plantas são resumidos a seguir (Fig. 33) **[209]**;

1. Amigo do ambiente, mais seguro e extremamente eficaz se utilizado corretamente.
2. O agricultor está familiarizado com as plantas que produzem os fitocompostos bioactivos, uma vez que estas crescem nas proximidades.
3. A rápida degradação dos ingredientes bioactivos pode ser favorável, uma vez que reduz o risco de resíduos nos alimentos.
4. Alguns destes ingredientes podem ser utilizados pouco tempo antes da colheita.
5. As plantas de origem têm outras utilizações, por exemplo, como repelentes de insectos domésticos ou para aplicações medicinais.
6. Como a maioria destes compostos é um veneno para o estômago e se decompõe rapidamente, podem ser menos perigosos para os inimigos naturais e mais selectivos para as pragas.
7. A grande maioria destes ingredientes não é fitotóxica.
8. A resistência aos fitocompostos é mais difícil de desenvolver do que a resistência aos pesticidas sintéticos.
9. Vários destes ingredientes inibem a alimentação dos insectos muito rapidamente, embora não os matem instantaneamente (causam a morte dos insectos ao longo do tempo).

Desvantagens dos pesticidas botânicos

A maioria das empresas de pesticidas e fertilizantes hesita em investir na produção de pesticidas botânicos devido aos seguintes desafios **[209]**;

1. A maioria destes compostos não são verdadeiros pesticidas, uma vez que muitos deles são simplesmente repelentes de insectos de ação lenta.
2. Alguns deles podem causar toxicidade nos animais.
3. As fontes vegetais nem sempre podem ser obtidas durante todo o ano.
4. Degradam-se rapidamente por exposição à luz UV, o que leva a uma menor ação residual.

5. As recomendações dos produtores não foram validadas cientificamente.
6. Têm uma atividade residual curta, o que alguns utilizadores consideram vantajoso.
7. A maior parte deles não possui registos legais que comprovem o seu manuseamento.
8. Mais caros do que os pesticidas sintéticos anteriores e possivelmente menos específicos para as pragas, especialmente quando comparados com os pesticidas sintéticos modernos (figura 34).

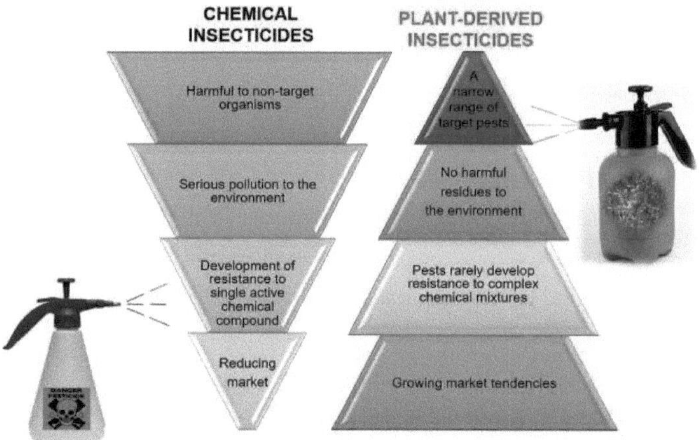

Fig. 34. Vantagens dos pesticidas derivados de plantas em relação aos pesticidas químicos [209].

Vantagens dos pesticidas botânicos

Essencialmente, muitos dos benefícios de escolher insecticidas botânicos, como as piretrinas (PyGanic®, EverGreen®), Neem, Sabadilla, Azadirachtin (Azera®), etc., centram-se no facto de não representarem as mesmas ameaças ambientais que as versões sintéticas.

1. a maioria dos compostos insecticidas botânicos não é fitotóxica.

1. Uma vez que a maioria dos compostos insecticidas de origem botânica tem um modo de ação baseado na ingestão ou no estômago, tendem a ser mais selectivos para os insectos-praga e menos agressivos para os inimigos naturais benéficos, pessoas, animais de estimação ou gado.

2. Estes compostos de origem biológica utilizam geralmente múltiplos modos de ação contra as pragas de insectos.
3. A complexidade e a falta de uniformidade dos compostos e das concentrações dos ingredientes activos ajudam a reduzir o risco de as pragas desenvolverem resistência aos pesticidas.
4. Os insecticidas derivados de plantas podem ser incluídos na lista OMRI para uso biológico, se os compostos forem provenientes de plantas cultivadas organicamente.)
5. A degradação mais rápida dos ingredientes activos de origem natural, derivados de plantas, nos insecticidas botânicos é uma vantagem por várias razões:
6. Isto ajuda a proteger a saúde dos produtores e do pessoal, uma vez que as substâncias tóxicas tendem a degradar-se relativamente depressa através da luz solar, pelo que os períodos de reentrada são frequentemente muito curtos.

- Menos destas substâncias persistirão para escorrer para as águas subterrâneas.
- Para as culturas comestíveis, isto significa que os produtos podem frequentemente ser utilizados pouco tempo antes da colheita.
- Isto reduz a ameaça para os insectos benéficos, como os polinizadores, uma vez que os insecticidas botânicos podem ser aplicados à noite, depois de os polinizadores já não estarem activos, e a luz UV degradará naturalmente os ingredientes activos antes de os polinizadores voltarem a estar activos no dia seguinte.

22. Nanoformulações de pesticidas botânicos

Apesar das suas propriedades promissoras, os pesticidas botânicos devem ultrapassar problemas como a volatilidade, a fraca solubilidade em água e a degradação antes de poderem ser produzidos comercialmente em grande escala. Estas questões poderiam ser resolvidas através de nanoemulsões e nanoencapsulamento, que protegem os fitoconstituintes da degradação e dos danos causados pela evaporação. Prevê-se que estas nanoformulações tenham um melhor desempenho do que as substâncias a granel (Fig. 35) **[210]**. Verificou-se que as nanoformulações de pesticidas são menos tóxicas para os organismos não visados do que as formulações tradicionais, o que conduz a uma maior especificidade, e que as nanoformulações reduzem a utilização de pesticidas e aumentam a persistência do ingrediente ativo **[211]**. Os produtos vegetais, como os óleos essenciais, são formulados em nanoemulsões para obter uma elevada estabilidade e eficácia. As nanoemulsões são sistemas transparentes ou translúcidos termodinamicamente instáveis com partículas de pequena dimensão (~100 nm de raio) **[212]**. Podem ser utilizadas para formulações de pesticidas hidrofílicos ou hidrofóbicos, eliminando a necessidade de solventes orgânicos nocivos. A emulsificação de alta energia e de baixa energia são duas técnicas típicas para a produção de nanoemulsões. Na técnica de emulsificação de alta energia, são utilizados dispositivos mecânicos, por exemplo, homogeneizadores de alta pressão, homogeneizadores ultra-sónicos e microfluidificadores, para minimizar o tamanho das partículas através da produção de forças disruptivas extremas. Por outro lado, as caraterísticas físico-químicas dos tensioactivos e cosurfactantes estão envolvidas na emulsificação de baixa energia **[211]**. A nanoencapsulação é um procedimento que envolve ou encapsula o agente ativo em fase sólida, líquida ou gasosa para o preservar de factores ambientais adversos como a luz, a humidade e as temperaturas elevadas. Como material de revestimento, podem ser utilizados polímeros naturais (polissacarídeos, proteínas), polímeros sintéticos (poliamidas, melamina formaldeído), lípidos, fosfolípidos e materiais inorgânicos (SiO_2) **[212]**.

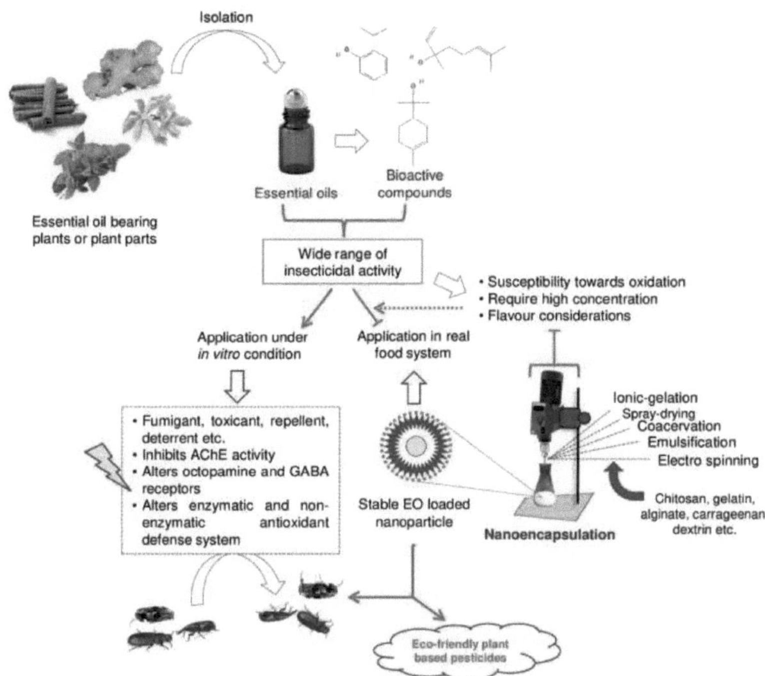

Fig. 35. Utilização de nanoformulações de óleos essenciais para a gestão de pragas de insectos [210].

A libertação controlada é uma caraterística importante dos sistemas nanoencapsulados, consistindo normalmente numa libertação inicial rápida precedida de uma libertação prolongada **[213]**. As principais vantagens do nanoencapsulamento são o seu potencial para minimizar a quantidade de substâncias bioactivas necessárias, diminuir a evaporação e regular a libertação dos componentes activos. A nanoformulação da permetrina demonstrou ter um maior efeito larvicida contra o *Culex quinquefasciatus* do que a permetrina a granel **[214]**. Anteriormente, o óleo de alho foi encapsulado em nanopartículas lipídicas sólidas, produzindo uma nanoformulação de alta qualidade contra *Phthorimaea Operculella* **[215]**. Além disso, os óleos essenciais de alecrim, citronela, alho, catnip, coentro, semente preta, óleo de cominho e Janesville apresentaram maior toxicidade contra *Callosobruchus maculatus*, *C. chinensis*, *T. confusum* e *T. castaneum* **[216,217]**. Em investigações anteriores, foram utilizadas nanopartículas de polietilenoglicol para encapsular óleos essenciais de alho, gerânio e cravinho e foi avaliada a sua toxicidade para *T. castaneum* e *Rhyzopertha dominica* **[218-220]**. Nos seus estudos, as nanopartículas carregadas com óleos essenciais aumentaram significativamente a toxicidade residual por contacto, o que se refere à libertação lenta e constante dos terpenos activos. Além disso, as nanoformulações testadas aumentaram a toxicidade de contacto dos óleos essenciais e interromperam os processos fisiológicos nutricionais dos insectos de armazenagem testados.

23. Conclusões

A adoção de bioinseticidas está a expandir-se, em grande parte devido ao aumento da procura de alimentos, para além de uma crescente sensibilização do público para a qualidade dos alimentos, a biodiversidade e a proteção do ambiente. Os pesticidas à base de plantas têm muitas vantagens sobre os pesticidas sintéticos. Além disso, os fitoconstituintes têm atividade pesticida contra uma variedade de pragas de importância agrícola. As substâncias botânicas, em geral, têm bioactividades significativas, como fungicida, nematicida, inseticida, reguladores de crescimento de insectos e agentes alelopáticos, o que as torna uma fonte potencial de agentes inovadores de gestão de pragas. A maioria dos produtos botânicos actua sobre as pragas dissuadindo a alimentação e a oviposição, repelindo, toxicando e perturbando as funções fisiológicas. Os múltiplos mecanismos de ação dos pesticidas botânicos tornam-nos extremamente valiosos na proteção das culturas.

O ambiente natural é uma fonte rica de uma vasta gama de plantas, algumas das quais têm sido utilizadas para curar doenças humanas, animais e vegetais. Devido às preocupações com a saúde humana, a segurança ambiental e a regulamentação rigorosa em matéria de resíduos de pesticidas nos produtos agrícolas, a utilização de pesticidas sintéticos deve ser feita de forma judiciosa e apenas quando absolutamente necessária. No entanto, mesmo com uma utilização cautelosa de pesticidas sintéticos, a dependência contínua desses produtos químicos continua a representar um perigo para o ambiente, para os organismos não visados e para a saúde humana devido aos seus efeitos residuais. Por conseguinte, é necessário reconsiderar a eficácia e o papel dos pesticidas botânicos na gestão das pragas das culturas, devido ao seu carácter renovável e à sua contribuição para a segurança humana e ambiental.

Considerando os enormes volumes de material necessários para produzir pesticidas botânicos, o cultivo em grande escala de plantas de origem poderia ser feito em terras marginais que não são adequadas para a agricultura arável para evitar a concorrência com as culturas alimentares. A comercialização da produção dessas plantas geraria rendimentos que ajudariam a sustentar os meios de subsistência das comunidades em zonas semi-áridas. Plantas de baixa altura, como rizomas e ervas, poderiam ser cultivadas em áreas florestais sem interferir com as árvores da floresta. Os compostos identificados como tendo propriedades pesticidas nas plantas podem também ser sintetizados na sequência de colaborações entre engenheiros químicos e cientistas.

O processamento e a extração dos pesticidas botânicos utilizando solventes baratos devem ser explorados para reduzir o custo de produção e minimizar os problemas associados à eliminação de resíduos. Isto permitiria aos pequenos agricultores comprar e adotar produtos seguros para o controlo de pragas.

A natureza rapidamente biodegradável dos pesticidas botânicos é positiva, mas também delicada devido ao seu curto prazo de validade. Por conseguinte, é necessária mais investigação para desenvolver formulações com longevidade, mantendo a eficácia desejada. Recomenda-se que seja explorada a investigação que visa a estabilidade dos pesticidas botânicos, especialmente em condições de campo. A utilização da nanotecnologia como técnica de formulação tem dado um contributo notável para a estabilidade, tendo sido relatada a sua eficácia na dispersão dos compostos activos em condições de campo. Isto, por sua vez, melhorará a eficácia dos pesticidas botânicos a nível das explorações agrícolas.

É necessária mais investigação para melhorar a exploração de plantas com compostos bioactivos relevantes para a proteção das culturas. Isto pode implicar a domesticação e o melhoramento de plantas silvestres identificadas através da reprodução para melhorar o teor das moléculas activas, para além do desenvolvimento de práticas de cultivo adequadas, incluindo a nutrição vegetal e as práticas agronómicas. O melhoramento das plantas de origem pode implicar a identificação dos genes que regulam a formação e a acumulação dos compostos activos, o que orientaria as abordagens de melhoramento que conduziriam a um elevado rendimento dos compostos pesticidas visados. Esses compostos devem então ser formulados em produtos que sejam acessíveis, especialmente aos pequenos agricultores.

As partes interessadas devem, em apoio aos investigadores e aos decisores políticos, sensibilizar para a necessidade de adotar os pesticidas botânicos e outros produtos naturais como instrumentos seguros de gestão das pragas. Os investigadores e cientistas que trabalham com esses produtos têm o papel de fornecer dados de eficácia no terreno que sejam consistentes e reproduzíveis. O aumento da utilização de produtos biológicos de controlo de pragas em estratégias de gestão integrada de pragas conduzirá a uma maior aceitabilidade dos produtos agrícolas em nichos de mercado, contribuindo assim para melhorar o comércio internacional, a segurança alimentar, a conservação da biodiversidade e a proteção do ambiente e da saúde humana.

Apesar do facto de muitos compostos derivados de plantas terem caraterísticas pesticidas, apenas alguns foram registados e estão disponíveis nos mercados locais ou globais. De acordo com a literatura, as futuras vias de produção envolverão muito provavelmente a utilização de compostos de OE encapsulados para proporcionar uma entrega lenta, maior solubilidade, biodisponibilidade e eficácia. O fabrico e a extração de pesticidas botânicos com solventes de baixo custo devem ser investigados, a fim de reduzir os custos de produção e as preocupações com a eliminação de resíduos. A rápida biodegradabilidade dos pesticidas botânicos é benéfica, mas também é arriscada devido ao seu curto prazo de validade. Por conseguinte, é necessária mais investigação para produzir formulações com bioatividade prolongada. A estabilidade dos pesticidas botânicos, nomeadamente em condições de campo, deve ser investigada. As nanoformulações deram um contributo significativo para a estabilidade e mostraram eficiência na dispersão de substâncias bioactivas no terreno. Como resultado, a eficácia dos pesticidas botânicos nas explorações agrícolas será melhorada.

Atualmente, o controlo das pragas das plantas é conseguido através da utilização de pesticidas sintéticos. Mas verificou-se que os pesticidas sintéticos causam problemas ao ambiente, à ecologia e à saúde do ser humano. As alternativas promissoras, os pesticidas botânicos, como, por exemplo, *Tephrosia vogelii*, Cupscum species, Vernonia species, Tagetes minuta, *Ocimum gratissimum*, Pyrethrum, *Azadirachta* indica, *Lantana camara* e *Tithonia diversifolia,* podem ser consideradas para controlar as pragas de insectos no campo e nos armazéns. No entanto, as propriedades toxicológicas e ambientais dos compostos dos pesticidas botânicos e o modo de ação nos insectos também devem ser considerados para a segurança do nosso ambiente e da saúde humana e para a resistência dos insectos. Sabe-se que a maioria dos venenos tóxicos para os mamíferos são produtos naturais provenientes de plantas, embora se verifique que são baratos e fáceis de obter e preparar, têm um tempo de vida curto e são amigos do ambiente e dos outros animais.

24.Referências

1. Nações Unidas, Departamento de Assuntos Económicos e Sociais, Divisão da População (2019). Projeções Probabilísticas da População Rev. 1 baseadas nas Perspetivas da População Mundial 2019 Rev. 1: http://population.un.org/wpp/.
2. Oerke, E.C. (2006). Perdas de culturas devido a pragas. J. Agric. Sci., 144, 31-43.
3. Cingel, A., Savic', J., Lazarevic', J., C' osic', T., Raspor, M., Smigocki, A., Ninkovic', S. (2016). Plasticidade adaptativa extraordinária do besouro da batata do Colorado: "Ten-Striped Spearman" na era da guerra biotecnológica. Int. J. Mol. Sci., 17, 1538.
4. Bebber, D.P., Ramotowski, M.A.T., Gurr, S.J. (2013). Pragas e patógenos de culturas movem-se para o pólo em um mundo em aquecimento. Nat. Clim. Change, 3, 985-988.
5. García-Lara, S., Serna Saldivar, S.O. (2016). Pragas de insectos. In Encyclopedia of Food and Health; Caballero, B., Finglas, P.M., Toldrá, F., Eds.; Academic Press: Londres, Reino Unido, pp. 432-436.
6. Mahmood, I., Imadi, S.R., Shazadi, K., Gul, A., Hakeem, K.R. (2016). Efeitos dos pesticidas no ambiente. In: Hakeem, K., Akhtar, M., Abdullah, S. (eds) Plant, Soil and Microbes. Springer, Cham.
7. Whalon, M.E., Mota-Sanchez, D., Hollingworth, R.M. (2008). Analysis of global pesticide resistance in arthropods (Análise da resistência global a pesticidas em artrópodes). Glob. Pestic. Resist. Arthropods, 5, 31.
8. Bishop, B.A., Grafius, E.J. (1996). Resistência a insecticidas no escaravelho da batata do Colorado. Chrysomelidae Biol., 1, 355-377.
9. Organização das Nações Unidas para a Alimentação e a Agricultura (2002). Código Internacional de Conduta sobre a Distribuição e Utilização de Pesticidas. Recuperado em 2017 -07 - 11.
10. Laxmishree C., Nandita, S. (2017). Pesticidas botânicos - uma alternativa importante aos pesticidas químicos: Uma revisão; International J. of Life Sciences, 5 (4): 722-729.

11. Conselho para os Assuntos Científicos (1997). Estratégias de Educação e Informação para Reduzir os Riscos dos Pesticidas. Associação Médica Americana.

12. Popp, J., Pet"o, K., Nagy, J. (2012). Produtividade dos pesticidas e segurança alimentar. A review. Agron. Sustain. Dev., 33, 243-255.

13. AAVV (2015). Mercado global de produtos químicos de proteção das culturas (pesticidas) - crescimento, tendências e previsões (2016-2021). Hyderabad: Mordor Intelligence.

14. Wang, C.J., Liu, Z.Q. (2007). Absorção foliar de pesticidas - situação atual e desafios futuros. Pestic. Biochem. Phys., 87, 1-8.

15. Barcelo', D., Hennion, M.C. (1997). Determinação de vestígios de pesticidas e dos seus produtos de degradação na água. Techniques and Instrumentation in Analytical Chemistry, vol. 19. Elsevier, Amesterdão, p. 542. Taylor, M., Klaine, S., Carvalho, F.P., Barcelo, D., Everaarts, J. (Eds.), 2003. Pesticide Residues in Coastal Tropical Ecosystems. Distribution, Fate and Effects. Taylor and Francis, Londres.

16. Asghar, U., Malik, M.F., Javed, A. (2016). Exposição a pesticidas e saúde humana: A Review. J. Ecosys. Ecograph., S5: 005. DOI: 10.4172/2157-7625.S5-005.

17. Panagiotis, J.S., Brokaki, M., Stathas, G.J., Demopoulos, V., Giannis, L., Margaritopoulos, J.T. (2019). Efeitos letais e sub-letais do imidaclopride no coccinelídeo afidófago hippodamia variegate. Chemosphere, 229, 392-400.

18. Gibbons, D., Morrissey, C., Mineau, P. (2015). Uma revisão dos efeitos diretos e indirectos dos neonicotinóides e do fipronil na vida selvagem dos vertebrados. Environ. Sci. Pollut. Res., 22, 103-118.

19. Srijita, D. (2015). Biopesticidas: Uma abordagem ecológica para o controlo de pragas. Revista Mundial de Farmácia e Ciências Farmacêuticas, 6, 250-265.

20. El-Wakeil, N.E. (2013). Pesticidas botânicos e seu modo de ação. Gesunde Pflanzen, 65, 125-149.

21. Isman, M.B. (2005). Problemas e oportunidades para a comercialização de insecticidas botânicos. Em Regnault-Roger C, Philogène BJR, Vincent C (eds) Biopesticides of plant origin. Lavoisier, Paris, pp 283-291.

22. Isman, M.B. (2015). Um renascimento para os insecticidas botânicos? Pest Manag. Sci., 71, 1587-1590.

23. Isman, M.B. (2006). Insecticidas, dissuasores e repelentes botânicos na agricultura moderna e num mundo cada vez mais regulamentado. Annu. Rev. Entomol., 51, 45-66.

24. Neeraj, G.S., Kumar, A., Ram, S., Kumar, V. (2017). Avaliação da atividade nematicida de extratos etanólicos de plantas medicinais para *Meloidogyne incognita* (kofoid e branco) chitwood em condições de laboratório, Int. J. Pure Appl. Biosci., 1, 827-831.

25. Lengai, G.M.W., Muthomi, J.W., Mbeg, E.R. (2020). Atividade fitoquímica e papel dos pesticidas botânicos no manejo de pragas para a produção agrícola sustentável. Scientific African, 7, e00239.

26. Muthomi, J., fulano, A.M., Wagacha, J.M., Mwang'ombe, A.W. (2017). Gestão de pragas e doenças de insectos de feijão snap pelo uso de fungos antagonistas e extractos de plantas. Sustain. Agric. Res., 3, 52.

27. Solomon, M.G., Cross, J.V., Fitzgerald, J.D., Campbell, C.A.M., Jolly, R.L., Olszak, R.W., Vogt, H. (2000). Biocontrol of pests of apples and pears in northern and central Europe-3, Predat. Biocontrol Sci. Technol., 2, 91-128.

28. Weinzierl, R.A. (2000). Inseticidas botânicos, sabões e óleos. In: Biological and Biotechnological Control of Insect Pests (JE Rechcigl, NA Rechcigl, eds), Lewis publishers, Boca Raton, Nova Iorque, EUA, 110-130.

29. Regnault-Roger, C., Philogène, B.J.R. (2008). Perspectivas passadas e actuais para a utilização de botânicos e aleloquímicos de plantas na gestão integrada de pragas. Pharmac. Biol., 46, 41-52.

30. Gakuubi, M.M., Wanzala, W.J., Wagacha, M., Dossaji, S.F. (2016). Propriedades bioactivas dos óleos essenciais de *Tagetes minuta* L. (Asteraceae): uma revisão, Am. J. Essent. Oil Nat. Prod., 2, 27-36.

31. Bennett, R.N., Wallsgrove, R.M. (1994). Metabolitos secundários nos mecanismos de defesa das plantas. New Phytol, 127, 617-633.

32. Rattan, R.S. (2010). Mecanismo de ação dos metabolitos secundários insecticidas de origem vegetal. Proteção das Culturas, 29 (9), 913-920.

33. Agostini-Costa, T.S., Vieira, R.F., Bizzo, H.R., Silveira, D., Gimenes, M.A. (2012). Cromatografia e suas aplicações. Em Metabolitos secundários de plantas; Dhanarasu, S., Ed.; In Tech Publisher: Rijeka, Croácia, pp. 131-164.

34. Bloomquist, J.R., Boina, D.R., Chow, E., Carlier, P.R., Reina, M., Gonzalez-Coloma, A. (2008). Modo de ação dos silfinenos derivados de plantas no complexo recetor GABAA/canal de cloreto de insectos e mamíferos. Pesticidas Bioquímica e Fisiologia, 91:17-23.

35. Brown, A.E. (2005). Modo de ação dos insecticidas e produtos químicos afins para controlo de pragas na agricultura de produção, plantas ornamentais e relvados. Pesticide Info. Pesticide Info. Nº 43:1-13.

36. Almeida, F., Rodrigues, M.L., Coelho, C. (2019). O problema ainda subestimado das doenças fúngicas em todo o mundo. Front. Plant Sci., 10, 214.

37. Schumann, G.L., (1991). Plant diseases: their biology and social impact American Phytopathological Society St Paul Minnesota.

38. Yoon, M., Cha, B., Kim, J. (2013). Tendências recentes em estudos sobre fungicidas botânicos na agricultura. Plant Pathol. J., 1, 1-9.

39. Marti 'nez, J.A. (2012). Fungicidas naturais obtidos de plantas, fungicidas para doenças de plantas e animais, Dr. Dharumadurai Dhanasekaran (Ed.) ISBN, 978-953.

40. Bomfim, S.N., Lydiana, P.N., Pinheiro, J.F.O., Cassia, Y.K., Galerani, S.A.M., Renata, G., Samuel, B.N., Carlos, A.M., Benicio, A.A.F., Miguel, M.J. (2014). Atividade antifúngica e inibição da produção de fumonisina pelo óleo essencial de *Rosmarinus officinalis* L. em *Fusarium verticillioides* (Sacc.) Nirenberg. Food Chem, 166, 330-336.

41. Li, Y., Fabiano-Tixier, A.S., Chemat, F. (2014). Óleos essenciais como antimicrobianos. In: Sharma SK (ed) Óleos essenciais como reagentes em química verde. Springer international publishing, Cham, pp 29-40.

42. Perelló, A., Noll, U., Slusarenko, A.J. (2013). Eficácia in vitro do extrato de alho para controlar patógenos fúngicos do trigo, J. Med. Plants Res., 24, 1809-1817.

43. Medina-Perez, G., Hernández-Uribe, J.P., Fernández-León, D., Prince, L., Fernández-Luqueño, F., Campos-Montiel, R.G. (2019). Aplicação de nanoemulsões (w/o) com compostos ativos de frutas de pera cactus em filmes de amido para melhorar a atividade antioxidante e incorporar propriedade antibacteriana. J. Food Process Eng., 42, 1-10.

44. Pandey, A.K., Pradeep, K., Pooja, S., Tripathi, N.N., Bhajpai, V.K. (2017). Óleos essenciais: Fonte de propriedades antimicrobianas e conservantes de alimentos. Front. Microbiol., 7, 2161.

45. Shabani, B., Rezaei, R., Charehgani, H., Salehi, A. (2019). Estudo do efeito antibacteriano de óleos essenciais de seis espécies vegetais contra *Pseudomonas syringae* pv syringae Van Hall 1902 e *Pseudomonas fluorescens* Migula. J. Plant Pathol, 101, 671-675.

46. Aljamali, M.N. (2013). Efeito do estudo de extractos de plantas medicinais em comparação com antibióticos contra bactérias, J. Sci. Innov. Res., 5, 843-845.

47. Djeussi, D.E., Noumedem, J.A.K., Seukep, J.A., Fankam, A.G., Voukeng, I.K., Tankeo, S.B., Nkuete, A.H.L., Kuete, V. (2013). Actividades antibacterianas de extractos de plantas comestíveis selecionadas contra bactérias Gram-negativas multirresistentes, BMC Complement. Altern. Med., 164, 1-8.

48. Khan, R., Islam, B., Akram, M., Shakil, S., Ahmad, A., Ali, S.M., Siddiqui, M., Khan, A.U. (2009). Antimicrobial activity of five herbal extracts against multi drug resistant (mdr) strains of bacteria and fungus of clinical origin, Molecules, 14, 586-597.

49. Bouyahya, A., Abrini, J., Dakka, N., Bakri, Y. (2019). Os óleos essenciais de *Origanum compactum* aumentam a permeabilidade da membrana, perturbam a integridade da membrana celular e suprimem o fenótipo de deteção de quorum em bactérias. J. Pharm. Anal., 9(5), 301-311.

50. Khan, A., Sayed, M. Shaukat, S.S., Handoo, Z.A. (2008). Eficácia de quatro extractos de plantas em nemátodos associados à papaia em Sindh, Paquistão. Nematol. Mediterr., 36, 93-98.

51. Kepenekçi, ˙I., Erdo ˘gus, D., Erdo ˘gan, P. (2016). Efeitos de alguns extratos de plantas em nematóides de nó de raiz em condições in vitro e in vivo. Turk. J. Entomol., 40(1), 3-14.

52. Pavaraj, M. Bakavathiappan, G., Baskaran, S. (2012). Avaliação de alguns extractos de plantas pelas suas propriedades nematicidas contra o nemátodo das galhas, *Meloidogyne incognita*. J. Biopestic., 5, 106-110.

53. Montanha, J.A., Moellerke, P., Bordignon, S.A.L., Schenkel, E.P., Roehe, P.M. (2004). Atividade antiviral de extratos de plantas brasileiras. Ata. Farm. Bonaer., 2, 183-186.

54. Waziri, H.M.A. (2015). Plantas como agentes antivirais. J. Plant Pathol. Microbiol., 2, 1-5.

55. Rajasekaran, D., Palombo, E.A., Yeo, T.C., Ley, D.L.S., Tu, C.L., Malherbe, F., Grollo, L. (2013). Identificação de extractos de plantas medicinais tradicionais com nova atividade anti-influenza. PLoS One, 8 (11), 1-15.

56. Bhanuprakash, V., Hosamani, M., Balamurugan, V., Gandhale, P., Naresh, R., Swarup, D., Singh, R.K. (2008). Atividade antiviral in vitro de extractos de plantas na replicação do vírus da varíola caprina. Indian J. Exp. Biol., 46, 120-127.

57. Kohn, L.K., Foglio, M.A., Rodrigues, R.A., Sousa, I.M., de, O., Martini, M.C., Padilla, M.A., Neto, L.D.F., Arns, C.W. (2015). Atividades antivirais in-vitro de extratos de plantas do Cerrado brasileiro contra o Metapneumovírus aviário (aMPV). Braz. J. Poult. Sci., 3, 275-280.

58. Zhao, L., Feng, C., Hou, C., Hu, L., Wang, Q., Wu, Y. (2015). Primeira descoberta de extrato de acetona de borra de óleo de semente de algodão como um novo agente antiviral contra vírus de plantas. PLoS One, 2, 1-13.

59. Karpagam, T. Devaraj, A. (2011). Estudos sobre a eficácia do *Aloe vera* na atividade antimicrobiana. Int. J. Res. Ayurveda and Pharm., 4, 1286-1289.

60. Feyisa, B. Lencho, A., Selvaraj, T., Getaneh, G. (2015). Avaliação de alguns botânicos e *Trichoderma harzianum* para o manejo do nematoide das galhas do tomateiro (*Meloidogyne incognita* (Kofoid e White) Chit Wood). Adv. Crop Sci. Technol., 1, 1-10.

61. Todorov, D., Shishkova, K., Dragolova, D., Hinkov, A., Kapchina-Toteva, V., Shishkov, S. (2015). Atividade antiviral da planta medicinal *Nepeta nuda*. Biotechnol. Biotechnol. Equip., 1, 39-43.

62. Oguh, C.E., Okpaka, C.O., Ubani, C.S., Okekeaji, U., Joseph, P.S., Ugochukwu, E. (2019). Pesticidas naturais (Biopesticidas) e usos no manejo de pragas - uma revisão crítica. Asian J. Biotechnol. Genet. Eng., 17, 1-18.

63. Hénault-Ethier, L. (2016). Informações de base: Piretróides - o facto de os podermos usar em casa não significa que sejam inofensivos. Canadian Association of Physicians for the Environment (CAPE) et Équiterre, 1-13, DOI: 10.13140/RG.2.1.4822.2324.

64. Du, Y., Nomura, Y., Satar, G., Hu, Z., Nauen, R., He, S., Zhorov, B., Dong, K. (2013). Evidência molecular de locais duplos de receptores de piretróides em um canal de sódio de mosquito. Proc. Natl. Acad. Sci. USA, 110, 11785-11790.

65. Casida, J.E., Quistad, G.B. (1995). Pyrethrum Flowers: Production, Chemistry, Toxicology, and Uses, 1ª ed.; Oxford University Press: Oxford, Reino Unido.

66. Casida, J., Quistad, G. (998). Idade de ouro da investigação sobre insecticidas: Passado, presente ou futuro? Annu. Rev. Entomol., 1, 43, 1-16.

67. Souto, A.L., Sylvestre, M., Tölke, E.D., Tavares, J.F., Barbosa-Filho, J.M., Cebrián-Torrejón, G. (2021). Pesticidas derivados de plantas como alternativa para o manejo de pragas e produção agrícola sustentável: Perspectivas, aplicações e desafios. Molecules, 26, 4835.

68. Copping, L.G., Duke, S.O. (2007). Produtos naturais que têm sido utilizados comercialmente como agentes de proteção das culturas. Pest Manag. Sci., 63, 524-554.

69. Hare, J., Morse, J. (1997). Toxicidade, persistência e potência de formulações de alcalóides de Sabadilla para tripes de citrinos (Thysanoptera: Thripidae). J. Econ. Entomol., 90, 326-332.

70. Nauen, R. (2006). Modo de ação dos insecticidas: Regresso do recetor de rianodina. Pest Manag. Sci., 62, 690-692.

71. Shivanandappa, T., Rajashekar, Y. (2014). Modo de ação dos insecticidas naturais derivados de plantas. Em avanços em biopesticidas vegetais, 1ª ed.; Singh, D., Ed.; Springer: Nova Deli, Índia, pp. 323-345.

72. Bloomquist, J.R. (1999). Insecticidas: Chemistries and characteristics. Em Radcliffe's IPM World Textbook, 2ª ed.; Universidade de Minesota: St. Paul, MI, EUA.

73. Rajashekar, Y., Raghavendra, A., Bakthavatsalam, N. (2014). Inibição da acetilcolinesterase por biofumigante (Coumaran) de folhas de *Lantana camara* em grãos armazenados e pragas de insetos domésticos. Bio. Med. Res., 187019.

74. Jankowska, M., Rogalska, J., Wyszkowska, J., Stankiewicz, M. (2018). Alvos moleculares para componentes de óleos essenciais no sistema nervoso de insetos - uma revisão. Moléculas, 23(1), 34.

75. Picollo, M.I., Toloza, A.C., Mougabure Cueto, G., Zygadlo, J., Zerba, E. (2008). Actividades anticolinesterásica e pediculicida de monoterpenóides. Fitoterapia, 79, 271-278.

76. Hansen, M.R.H., Jørs, E., Sandbæk, A., Sekabojja, D., Ssempebwa, J.C., Mubeezi, R., Staudacher, P., Fuhrimann, S., Sigsgaard, T., Burdorf, A., Bibby, B.M., Schlünssen, V. (2021). A exposição a inseticidas organofosforados e carbamatos está relacionada à alteração da função pulmonar entre pequenos agricultores: Um estudo prospetivo. Thorax, 76, 780-789.

77. Khorshid, M.A., Hassan, A.F., Abd El- Gawad, M., Enab, A.K. (2015). Efeito de algumas plantas e pesticidas na acetilcolinesterase. Am. J. Food Technol, 10, 93-99.

78. Isman, M., Tak, J.H. (2017). Inibição da acetilcolinesterase por óleos essenciais e monoterpenóides: Um modo de ação relevante para os óleos essenciais insecticidas? Biopestic. Int., 13, 71-78.

79. Green, B., Welch, K., Panter, K., Lee, S. (2013). Toxinas vegetais que afetam os receptores nicotínicos de acetilcolina: Uma revisão. Chem. Res. Toxicol., 26, 1129-1138.

80. Okwute, S.K. (2012). As plantas como fontes potenciais de agentes pesticidas: A Review. Em Pesticides-Advances in Chemical and Botanical Pesticides, 1ª ed.; eBook; Soundararajan, R.P., Ed.; IntechOpen: Londres, Reino Unido, pp. 207-232.

81. Elbert, A., Nauen, R., Cahill, M., Devonshire, A.L., Scarr, A., Sone, S., Steffens, R. (1996). Gestão da resistência aos insecticidas cloronicotinílicos utilizando o imidaclopride como exemplo. Pflanzenschutz Nachr. Bayer, 49, 5-54.

82. Tomizawa, M., Casida, J.E. (2005). Toxicologia dos insecticidas neonicotinóides: Mecanismos de ação selectiva. Annu. Rev. Pharmacol. Toxicol., 45, 247-268.

83. Höld, K., Sirisoma, N., Ikeda, T., Narahashi, T., Casida, J. (2000). α-Thujone (o componente ativo do absinto): modulação do recetor do ácido γ-aminobutírico tipo A e desintoxicação metabólica. Proc. Natl. Acad. Sci. USA, 97, 3826-3831.

84. Tong, F., Coats, J.R. (2010). Efeitos dos insecticidas monoterpenóides na ligação [3H]-TBOB no recetor GABA da mosca doméstica e na captação de 36Cl no cordão nervoso ventral da barata americana. Pestic. Biochem. Physiol, 98, 317-324.

85. González-Coloma, A., Valencia, F., Martín, N., Hoffmann, J.J., Hutter, L., Marco, J.A., Reina, M. (2002). Silphinene sesquiterpenes as modelar insectos antifeedants. J. Chem. Ecol., 28, 117-129.

86. Mullin, C.A., González-Coloma, A., Gutiérrez, C., Reina, M., Eichenseer, H., Hollister, B., Chyb, S. (1997). Efeitos antifeedantes de alguns novos terpenóides em escaravelhos Chrysomelidae: Comparações com alcalóides numa espécie adaptada e não adaptada aos alcalóides. J. Chem. Ecol., 23, 1851-1866.

87. Roeder, T. (2005). Tyramine and octopamine: Comportamento e metabolismo governantes. Annu. Rev. Entomol, 50, 447-477.

88. Evans, P.D. (1993). Estudos moleculares sobre receptores de octopamina em insectos. EXS, 63, 286-296.

89. Reynoso, M.M.N., Lucia, A., Zerba, E.N., Alzogaray, R.A. (2019). O recetor de octopamina é um possível alvo para a hiperatividade induzida por eugenol no inseto sugador de sangue *Triatoma infestans* (Hemiptera: Reduviidae). J. Med. Entomol, 57, 627-630.

90. Kostyukovsky, M., Rafaeli, A., Gileadi, C., Demchenko, N., Shaaya, E. (2002). Ativação de receptores octopaminérgicos por constituintes de óleos essenciais isolados de plantas aromáticas: Possível modo de ação contra insectos nocivos. Pest Manag. Sci., 58, 1101-1106.

91. Sherer, T., Richardson, J., Testa, C., Seo, B., Panov, A., Yagi, T., Matsuno-Yagi, A., Miller, G., Greenamyre, J. (2007). Mecanismo de toxicidade dos pesticidas que actuam no complexo I: Relevância para as etiologias ambientais da doença de Parkinson. J. Neurochem, 100, 1469-1479.

92. Birnbaum, L. (2013). Quando os produtos químicos ambientais agem como medicamentos não controlados. Trends Endocrinol. Metab., 24, 321-323.

93. Singh, D., Mehta, S.S., Neoliya, N.K., Shukla, Y.N., Mishra, M. (2003). Novos possíveis reguladores de crescimento de insectos de *Catharanthus roseus*. Curr. Sci., 84, 1184-1186.

94. Abreu, P.M., Heggie,W. (2008). Terpenoides e Esteroides. In Biossíntese de Produtos Naturais, 1ª ed.; Lobo, A.M., Lourenço, A.M., Eds.; IST Press: Lisboa, Portugal, pp. 119-149.

95. Kamboj, A., Saluja, A. (2008). *Ageratum conyzoides* L.: Uma revisão do seu perfil fitoquímico e farmacológico. Int. J. Green Pharm, 2, 59-68.

96. Mordue, A.J., Nisbet, A.J. (2000). Azadiractina da árvore de neem *Azadirachta indica*: A sua ação contra insectos. An. Soc. Do Bras., 29, 615-632.

97. Kang, T.H., Hwang, E.I., Yun, B.S., Park, K.D., Kwon, B., Shin, C., Kim, S. (2007). Inibição de quitina sintases e actividades antifúngicas por 2'-benzoiloxicinamaldeído de *Pleuropterus ciliinervis* e seus derivados. Biol. Pharm. Bull, 30, 598-602.

98. Walia, S., Saha, S., Rana, V. (2014). Pesticidas fitoquímicos. Em Avanços em Biopesticidas Vegetais; Singh, D., Ed.; Springer: Nova Deli, Índia, pp. 295-322.

99. Acheuk, F., Basiouni, S., Shehata, A.A., Dick, K., Hajri, H., Lasram, S., Yilmaz, M., Emekci, M., Tsiamis, G., Spona-Friedl, M., May-Simera, H., Eisenreich, W., Ntougias, S. (2022). Situação e perspectivas dos biopesticidas botânicos na Europa e nos países mediterrânicos. Biomolecules, 12, 311.

100. Ebadollahi, A., Ziaee, M., Palla, F. (2020). Óleos essenciais extraídos de diferentes espécies da família de plantas Lamiaceae como bioagentes prospectivos contra várias pragas prejudiciais. Molecules, 25,1556.

101. Dorman, H.J.D., Surai, P., Dean, S.G. (2000). Antioxidante in vitro de uma série de óleos essenciais de plantas e fitoconstituintes. J. Essent. Oil Res., 12, 241-248.

102. Fahn, A. (1988). Tecidos secretores em plantas vasculares. New Phytol, 108, 229-257.

103. Guerra, A.R., Paulraj, M.G., Ahmad, T., Buhroo, A.A., Hussain, B., Ignacimuthu, S., Sharma, H.C. (2012). Mecanismos de defesa das plantas contra insectos herbívoros. Plant Signal. Behav., 7, 1306-1320.

104. Zhang, F-P., Yang, Q-Y., Wang, G., Zhang, S-B. (2016). Múltiplas funções de voláteis em flores e folhas de *Elsholtzia rugulosa* (Lamiaceae) do sudoeste da China. Sci. Rep., 6, 27616.

105. Regnault-Roger, C., Vincent, C., Arnason, J.T. (2012). Óleos essenciais no controle de insetos: produtos de baixo risco em um mundo de alto risco. Annu. Rev. Entomol, 57, 405-424.

106. Pavela, R., Benelli, G. (2016). Óleos essenciais como biopesticidas ecológicos? Desafios e restrições.Trends Plant Sci., 21, 1000-1007.

107. Koul, O., Walia, S., Dhaliwal, G.S. (2008). Essential oils as green pesticides: potential and constraints. Biopestic. Int., 4, 63-84.

108. Rocha, R.P., Melo, E.D.C., Barbosa, L.C.A., Santos, R.H.S., Cecon, P.R., Dallacort, R., Santi, A. (2014). Influência da idade da planta no teor e composição do óleo essencial de *Cymbopogon citratus* (DC.) Stapf. J. Med. Plant Res., 8, 1121-1126.

109. Mwamburi, L.A. (2022). Papel dos óleos essenciais de plantas na gestão de pragas. Em: Mandal, S.D., Ramkumar, G., Karthi, S., Jin, F. (eds) New and Future Development in Biopesticide Research: Biotechnological Exploration. Springer, Singapura.

110. Campos, V.R., Proença, P.L.F., Oliveira, J.L. Bakshi, M., Abhilash, P.C., Fraceto, L.F. (2019). Uso de inseticidas botânicos para a agricultura sustentável: Perspectivas futuras. Ecol. Indic., 105, 483-495.

111. Ozols, G., Bicevskis, M. (1979). Aspectos da utilização do atrativo Ips tyrographus. In: Shumakov EM, Chekmenev SY, Ivanova TV (eds) Biologia Aktualis Veshchestva Zashchiva Rastenij. Izd. Kolos, Moscovo, pp 49-51.

112. Mohan, M., Haider, S.Z., Andola, H.C., Purohit, V.K. (2011). Óleos essenciais como pesticidas verdes: para uma agricultura sustentável. Res. J. Pharm. Biol. Chem. Sci., 2, 100-105.

113. Chagas, A.C.S., Passos, W.M., Prates, H.T., Leite, R.C., Furlong, G., Fortes, I.C.P. (2002). Efeito acaricida de óleos essenciais e emulsão concentrada de *Eucalyptus spp*. sobre *Boophilus microplus*. Braz. J. Vet. Res. Anim. Sci., 39, 247-253.

114. Murugan, K., Kumar, P.M., Kovendan, K., Amerasan, D., Subrmaniam, J., Hwang, J. (2012). Atividade larvicida, pupicida, repelente e adulticida do extrato de casca de laranja *Citrus sinensis* contra *Anopheles stephensi*, *Aedes aegypti* e *Culex quinquefasciatus* (Diptera: Culicidae). Parasitol. Res., 111, 1757-1769.

115. Yang, K., Wang, C.F., You, C.X., Geng, Z.F., Sun, R.Q., Guo, S., Du, S.S., Liu, Z.L., Deng, Z.W. (2014). Bioatividade do óleo essencial de *Litsea cubeba* da China e dos seus principais compostos contra dois insectos de produtos armazenados. J. Asia. Pac. Entomol., 17, 459-466.

116. Liu, Z., Qing X. Li, Song, B. (2022). Atividade pesticida e modo de ação dos monoterpenos. J. Agri. Food Chem, 70 (15), 4556-4571.

117. Wu, W., Li, S., Yang, M., Lin, Y., Zheng, K., Akutse, K. S. (2020). Perceção e transmissão citronelal por fêmeas de *Anopheles gambiae* s.s. (Diptera: Culicidae). Sci. Rep.-UK,10, 18615.

118. Chae, S., Kim, S., Yeon, S.H., Perumalsamy, H., Ahn, Y. (2014). Toxicidade fumigante dos constituintes do óleo de erva-cidreira e erva-cidreira e eficácia de formulações de pulverização contendo os óleos para biótipos B e Q resistentes a neonicotinóides de *Bemisia tabaci* (Homoptera: Aleyrodidae). J. Econ. Entomol, 107, 286-292.

119. Lins, L., Dal Maso, S., Foncoux, B., Kamili, A., Laurin, Y., Genva, M., Jijakli, M.H., De Clerck, C., Fauconnier, M.L., Deleu, M. (2019). Insights sobre as relações entre atividades herbicidas, estrutura molecular e interação com a membrana dos componentes dos óleos essenciais de canela e citronela. Int. J. Mol. Sci., 20, 4007.

120. Batish, D.R., Singh, H.P., Setia, N., Kohli, R.K., Kaur, S., Yadav, S.S. (2007). Controlo alternativo da erva canária com óleo de eucalipto. Agron. Sustain. Dev., 27, 171-177.

121. Oyedeji, A.O., Okunowo, W.O., Osuntoki, A.A., Olabode, T.B., Ayo-folorunso, F. (2020). Atividade inseticida e bioquímica do óleo essencial da casca de *Citrus sinensis* e constituintes em *Callosobrunchus maculatus* e *Sitophilus zeamais*. Pestic. Biochem. Phys., 168,104643.

122. Hashem, A.S., Ramadan, M.M., Abdel-Hady, A.A.A., Sut, S., Maggi, F., Dall'Acqua, S. (2020). Toxicidade da nanoemulsão de óleo essencial de *Pimpinella anisum* contra *Tribolium castaneum*? Lançando luz sobre suas interações com aspartato aminotransferase e alanina aminotransferase por docking molecular. Molecules, 25, 4841.

123. França, L. P., Amaral, A.C.F., Ramos, A.D.S., Ferreira, J. L.P., Maria, A.C.B., Oliveira, K.M.T., Araujo, E.S., Ramos, A.D.S., Silva, J.N., Silva, N.G., Barros, G.D.A., Chaves, F.C.M., Tadei, W.P., Silva, J.R.D.A. (2021). Óleo essencial *de Piper capitarianum*: um promissor agente inseticida para o manejo de *Aedes aegypti* e *Aedes albopictus*. Environ. Sci. Pollut. R., 28, 9760-9776.

124. Chaudhari, A.K., Singh, V.K., Dwivedy, A.K., Das, S., Upadhyay, N., Singh, A., Dkhar, M.S., Kayang, H., Prakash, B., Dubey, N.K. (2020). *Pimenta dioica* (L.) Merr. caracterizada quimicamente óleo essencial como um novo antimicrobiano à base de plantas contra a contaminação fúngica e aflatoxina B1 do milho armazenado e seu possível modo de ação. Nat. Prod. Res., 34, 745-749.

125. Rasoul, M.A.A., Marei, G.I.K., Abdelgaleil, S.A.M. (2012). Avaliação das propriedades antibacterianas e efeitos bioquímicos dos monoterpenos em bactérias patogénicas de plantas. Afr. J. Microbiol. Res., 6, 3667-3672.

126. Gaire, S., Lewis, C.D., Booth, W., Scharf, M.E., Zheng, W., Ginzel, M.D., Gondhalekar, A.D. (2020). Os percevejos, *Cimex lectularius* L., que exibem resistência metabólica e ao local-alvo da deltametrina são suscetíveis aos óleos essenciais das plantas. Pestic. Biochem. Phys., 169,104667.

127. Upadhyay, N., Singh, V.K., Dwivedy, A.K., Das, S., Chaudhari, A.K., Dubey, N.K. (2019). Avaliação do óleo essencial *de Melissa officinalis* L. como uma abordagem ecológica contra a biodeterioração da farinha de trigo causada por *Tribolium castaneum* Herbst. Environ. Sci. Pollut. R., 26, 14036-14049.

128. Scariot, F.J., Foresti, L., Delamare, A.P.L., Echeverrigaray, A.P.L.S. (2020). Atividade de monoterpenóides no crescimento in vitro de duas espécies de *Colletotrichum* e o modo de ação em *C. acutatum*. Pestic. Biochem. Phys., 170, 104698.

129. Chen, J.X., Li, Q.X., Song, B.A. (2020). Nematicidas químicos: Progressos recentes da investigação e perspectivas. J. Agr. Food Chem, 68, 12175-12188.

130. Alves, M.D.S., Campos, I.M., Brito, D.D.M.C., Cardoso, C.M., Pontes, E.G., Souza, M.A.A.D. (2019). Eficácia do óleo essencial de capim-limão e citral no controle de *Callosobruchus maculatus* (Coleoptera: Chrysomelidae), um inseto praga pós-colheita do feijão-caupi. Crop Prot., 119, 191-196.

131. Tak, J., Jovel, E., Isman, M.B. (2017). Efeitos dos óleos de alecrim, tomilho e capim-limão e seus principais constituintes na atividade enzimática desintoxicante e na atividade inseticida em *Trichoplusia ni*. Pestic. Biochem. Phys., 140, 9-16.

132. Cai, Y.H., Hu, X.A., Wang, P., Xie, Y.J., Lin, Z.F., Zhang, Z.L. (2020). Atividade biológica e perfil de segurança de monoterpenos contra *Plutella xylostella* L. (Lepidoptera: Plutellidae). Environ. Sci. Pollut. R., 27, 24889-24901.

133. Krzyśko-Łupicka, T., Sokół, S., Piekarska-Stachowiak, A. (2020). Avaliação da atividade fungistática de oito óleos essenciais selecionados em quatro isolados heterogêneos *de Fusarium* obtidos de grãos de cereais no sul da Polônia. Molecules, 25, 292.

134. Echeverrigaray, S., Zacaria, J., Beltrao, R. (2010). Atividade nematicida de monoterpenóides contra o nematoide das galhas *Meloidogyne incognita*. Fitopatologia, 100, 199-203.

135. Tabari, M.A., Rostami, A., Khodashenas, A., Maggi, F., Petrelli, R., Giordani, C., Tapondjou, L. A., Papa, F., Zuo, Y., Cianfaglione, K., Youssefi, M.R. (2020). Atividade acaricida, modo de ação e eficácia persistente de óleos essenciais selecionados no ácaro vermelho das aves (*Dermanyssus gallinae*). Food Chem. Toxicol., 138, 111207.

136. Enan, E. (2001). Atividade inseticida dos óleos essenciais: locais de ação octopaminérgicos. Comp. Biochem. Phys. C, 130, 325-337.

137. Hong, T., Perumalsamy, H., Jang, K., Na, E., Ahn, Y. (2018). Atividade ovicida e larvicida e possível modo de ação de fenilpropanóides e cetona identificados no broto de *Syzygium aromaticum* contra *Bradysia procera*. Pestic. Biochem. Phys., 145, 29-38.

138. El-Habashy, D.E., Abdel Rasoul, M.A., Abdelgaleil, S.A.M. (2020). Atividade nematicida de fitoquímicos e seu uso potencial para o controle de berinjela infetada com *Meloidogyne javanica* na estufa. Eur. J. Plant Pathol, 158, 381-390.

139. Li, H.Q., Liu, Q.Z., Liu, Z.L., Du, S.S., Deng, Z.W. (2013). Composição química e atividade nematicida do óleo essencial de *Agastache rugosa* contra *Meloidogyne incognita*. Molecules, 18, 4170-4180.

140. Zehnder, G., Warthen, J.D. (1988). Inibição da alimentação e efeitos de mortalidade do extrato de sementes de nim no escaravelho da batata do Colorado (Coleoptera: Chrysomelidae). J. Econ. Entom., 81(4), 1040-1044.

141. Ali, S., Sagheer, M., ul Hassan, M., Abbas, M., Hafeez, F., Farooq, M., Hussain, D., Saleem, M., bdul Ghaffar, A. (2014). Atividade inseticida dos extractos de *curcuma* (*Curcuma longa*) e alho (*Allium sativum*) contra o escaravelho da farinha vermelha, *Tribolium castaneum*: Uma alternativa segura aos insecticidas em produtos armazenados. J. of Entom. Zool. Studies, 2(3), 201-205.

142. Vendan, S.E., Manivannan, S., Sunny, A.M., Murugesan, R. (2017). Perfis de resíduos fitoquímicos em grãos de arroz fumigados com óleos essenciais para o controle do gorgulho do arroz. PLoS ONE, 12(10), e0186020.

143. Maazoun, A.M., Hamdi, S.H., Belhadj, F., Ben Jemâa, J.M., Messaoud, C., Marzouki, M.N. (2019). Perfil fitoquímico e atividade inseticida do extrato de folhas de *Agave Americana* em relação a *Sitophilus oryzae* (L.) (Coleoptera: Curculionidae). Environ. Sci. Pollution R., 26, 19468-19480.

144. Rotundo, G., Paventi, G., Barberio, A., De Cristofaro, A., Notardonato, I., Russo, M.V., Germinara, G.S. (2019). Atividade biológica de extratos de *Dittrichia viscosa* (L.) Greuter contra adultos *Sitophilus granarius* (L.) (Coleoptera, Curculionidae) e identificação de compostos ativos. Sci. Reports, 9, 6429.

145. Deb, M., Kumar, D. (2020). Bioatividade e eficácia de óleos essenciais extraídos de *Artemisia annua* contra *Tribolium casteneum* (Herbst. 1797) (Coleoptera: Tenebrionidae): Uma abordagem ecológica. Ecotox. Environ. Safety , 189, 109988.

146. Hategekimana, A., Erler, F. (2020). Efeitos de inibição da fecundidade e fertilidade de alguns óleos essenciais de plantas e seus componentes principais contra *Acanthoscelides obtectus* Say (Coleoptera: Bruchidae). J. Plant. Dis. Prot., 127, 615-623.

147. Idoko, J.E., Ileke, K.D. (2020). Avaliação comparativa das propriedades insecticidas dos óleos essenciais de alguns botânicos selecionados como biopesticidas contra o bruquídeo do feijão-frade, *Callosobruchus maculatus* (Fabricius) [Coleoptera: Chrysomelidae]. Bull. Centro de Investigação Nat. Res. Cent., 44, 119.

148. Abdel-Hakim, E.A., Ibrahim, S.S., Salem, N.Y. (2021). Efeito dos óleos essenciais de alho e capim-limão em alguns aspectos biológicos e bioquímicos das larvas da broca do caule do milho *Sesamia cretica* (Lepidoptera: Noctuidae) durante a fase de diapausa. Proc. Zool. Soc., 74, 73-82.

149. Ibrahim, S.S. Aplicações de alguns métodos biotecnológicos para o controlo das pragas mais importantes da batateira [tese]. Fac. Sci, Al-Azhar University, Egito. 2017.

150. Murfadunnisa, S., Vasantha-Srinivasan P., Ganesan R., Senthil-Nathan, S., Kim T., Ponsankar A., Kumar, S.D., Chandramohan, D., Krutmuang, P. (2019). Inibição larvicida e enzimática do óleo essencial de *Spheranthus amaranthroids* (Burm.) Contra a praga de lepidópteros *Spodoptera litura* (Fab.) E seu impacto em minhocas não-alvo. Biocat. Agri. Biotec. 21, 101324.

151. Adeyera, O.J., Akinneye, J.O. (2020). Gestão de *Plodia interpunctella* (hübner) [Lepidoptera: pyralidae] usando extrato de óleo etanólico de *Plumbago zeylanica* (LINN.). J. Entom. Nemat., 12(1), 25-31.

152. Fite, T., Tefera, T., Negeri, M., Damte, T. (2020). Efeito dos extractos de *Azadirachta indica* e *Milletia ferruginea* contra a gestão da infestação de *Helicoverpa armigera* (Hubner) (Lepidoptera: Noctuidae) no grão-de-bico. Cogent. Food & Agriculture, 6(1), 1712145.

153. Manjula, P., Lalitha, K., Vengateswari, G., Patil, J., Senthil-Nathan, S., Shivakumar, M.S. (2020). Efeito dos extratos de folhas de *Manihot esculenta* (Crantz) no sistema antioxidante e imunológico de *Spodoptera litura* (Lepidoptera: Noctuidae). Biocat. Agri. Biotec., 23, 101476.

154. Abtew, A., Subramanian, S., Cheseto, X., Kreiter, S., Garzia, G.T., Martin, T. (2015). Repelência de extractos de plantas contra o tripes de flores de leguminosas *Megalurothrips sjostedti* (Thysanoptera: Thripidae). Insectos, 6, 608-625.

155. Schoonhoven, A.V. (1978). A utilização de óleos vegetais para proteger o feijão armazenado do ataque de bruquídeos. J. Econ. Entomol, 71, 254-256.

156. Fang, R., Jiang, C.H., Wang, X.Y. Zhang, H.M., Liu, Z.L., Zhou, L., Du., S.S., Deng, Z.W. (2010). Atividade inseticida do óleo essencial de frutos de *Carum carvi* da China e dos seus principais componentes contra dois insectos que armazenam cereais. Molecules, 15, 9391-9402.

157. Devi, M.A., Sahoo, D., Singh, T.B., Rajashekar, Y. (2020). Toxicidade, repelência e composição química de óleos essenciais de espécies *de Cymbopogon* contra o besouro da farinha vermelha *Tribolium castaneum* Herbst (Coleoptera: Tenebrionidae). J. Consum. Prot. Food. Saf., 15, 181-191.

158. Singh, P., Pandey, A.K. (2018). Perspetiva dos óleos essenciais do género *Mentha* como biopesticidas: uma revisão. Front. Plant Sci., 9, 1295.

159. Qiao, J., Zou, X., Lai, D., Yan, Y., Wang, Q., Li, W., Deng, S., Xu, H.-H., Gu, H. (2014). A azadiractina bloqueia o canal de cálcio e modula a corrente sináptica em miniatura colinérgica no Sistema Nervoso Central de *Drosophila*. Pest Manag. Sci., 70, 1041-1047.

160. Okwute, S.K., Nduji, A.A. (1992). Isolamento de Schimperiin: Uma nova galotanina das folhas de *Anogeissuss chimperi* (Combretaceae). Proc. Natl. Acad. Sci. USA, 4, 36-41.

161. Negahban, M., Moharamipour, S., Sefidkon, F. (2007). Toxicidade fumigante do óleo essencial de *Artemisia sieberi* Besser contra três insectos de produtos armazenados. J. Stored Prod. Res., 43, 123-128.

162. Sahaf, B.Z., Moharramipour, S. (2008). Toxicidade fumigante dos óleos essenciais *de Carum copticum* e *Vitex pseudonegundo* contra ovos, larvas e adultos de *Callosobruchus maculatus*. J. Pestic. Sci., 81, 213-220.

163. Huang, X.P., Renwick, J.A.A. (1995). Habituação cruzada a dissuasores de alimentação e aceitação de uma planta hospedeira marginal por larvas *de Pieris rapae*. Entomol. Exp. Appl., 76, 295-302.

164. Tripathi, A.K., Prajapati, V., Aggarwal, K.K., Kumar, S., Prajapti, V., Kumar, S., Kukreja, A.K., Dwivedi, S., Singh, A.K. (2000). Effect of volatile oil constituents of *Mentha* species against stored grain pests, *Callosobruchus maculatus* and *Tribolium castaneum*. J. Med. Arom. Plant Sci., 22, 549-556.

165. Taghizadeh-Saroukolai, A., Moharramipour, S., Meshkatalsadat, M.H., Fathipour, Y., Talebi, A.A. (2009). Atividade repelente e persistência do óleo essencial extraído de *Prangos acaulis* para três escaravelhos de produtos armazenados. Am. Eurasian J. Sustain. Agric., 3, 202-204.

166. Weinzierl, R., Henn, T., Koehler, P.G., Tucker, C.L. Insect Attractants and Traps. Em IFAS Extension, Institute of Food and Agricultural Sciences; University of Florida: Gainesville, FL, EUA, 1995; pp. 1-9.

167. Miller, D.R. (2007). Limoneno: Atractor kairomone para escaravelhos da pinha branca (Coleoptera: Scolytidae) num pomar de sementes de pinheiro branco oriental na Carolina do Norte ocidental. J. Econ. Entomol., 100, 815-822.

168. Degenhardt, J., Hiltpold, I., Köllner, T.G., Frey, M., Gierl, A., Gershenzon, J., Hibbard, B.E., Ellersieck, M.R., Turlings, T.C.J. (2009). Restaurar um sinal de raiz de milho que atrai nemátodos que matam insectos para controlar uma praga importante. Proc. Acad. Sci. USA, 106, 13213-13218.

169. Sammour, E.A., El Hawary, F.M.A., Abdel-Aziz, N.F. (2011). Estudo comparativo sobre a eficácia das formulações de neemix e óleo de manjericão no pulgão do feijão-caupi *Aphis craccivora* Koch. Arch. Phytopathol. Plant Prot., 44, 655-670.

170. Sharaby, A., El-Nujiban, A. (2015). Avaliação de alguns óleos essenciais de plantas contra o verme preto *Agrotis ipsilon*. Global J. Adv. Res., 2, 701-711.

171. Sharaby, A., Rahman, H.A., Abdel-Aziz, S., Moawad, S. (2014). Óleos vegetais naturais e terpenos como protetores para os tubérculos de batata contra a infestação de *Phthorimaea operculella* (Zeller) por diferentes métodos de aplicação. Egito. J. Biol. Controlo de Pragas, 24, 265-274.

172. Kraiss, H., Cullen, E.M. (2008). Efeitos reguladores do crescimento de insectos da azadiractina e do óleo de nim na sobrevivência, desenvolvimento e fecundidade de *Aphis glycines* (Homoptera: Aphididae) e do seu predador, *Harmonia axyridis* (Coleoptera: Coccinellidae). Pest Manag. Sci., 64, 660-668.

173. Morrison, N.I., Franz, G., Koukidou, M. et al (2010). Melhorias genéticas na técnica de insectos estéreis para pragas agrícolas. Ásia. Pac. J. Mol. Biol., 18, 275-295.

174. Navarro-Llopis, V., Vacas, S., Sanchis, J., Primo, J., Alfaro, C. (2011). Estações de isco quimiosterilantes acopladas à técnica de insectos estéreis: uma estratégia integrada para controlar a mosca da fruta do Mediterrâneo (Diptera: Tephritidae). J. Econ. Entomol., 104, 1647-1655.

175. Plata-Rueda, A., Martinez, L.C., Santos, M.H.D., Fernandes, F.L., Wilcken, C.F., Soares, M.A., Serrão, J.E., Zanuncio, J.C. (2017). Atividade inseticida do óleo essencial de alho e seus constituintes contra o besouro da larva da farinha, *Tenebrio molitor* Linnaeus (Coleoptera:Tenebrionidae). Sci. Rep., 7, 46406.

176. Tak, J.H., Jovel, E., Isman, M.B. (2016). Atividade comparativa e sinérgica dos constituintes do óleo essencial de *Rosmarinus officinalis* L. contra as larvas e uma linhagem de células ovarianas da cigarrinha da couve, *Trichoplusia ni* (Lepidoptera: Noctuidae). Pest Manag. Sci., 72, 474-480.

177. Gaire, S., Scharf, M.E., Gondhalekar, A.D. (2020). Interações sinérgicas de toxicidade entre componentes do óleo essencial de plantas contra o percevejo comum (*Cimex lectularius* L.). Insectos, 11, 133.

178. Nerio, L.S., Oliver-Verbel, J., Stashenko, E. (2010). Atividade repelente dos óleos essenciais: uma revisão. Bioresour. Technol., 101, 372-378.

179. Bachheti, A., Sharma, A., Bachheti, R.K., Husen, A., Pandey, D.P. Plant allelochemicals and their various applications. Em Co-Evolução de Metabólitos Secundários; Mérillon, J.-M., Ramawat, K.G., Eds.; Springer: Cham, Suíça, 2019, pp. 1-25.

180. Clay, D.V., Dixon, F.L., Willoughby, I. (2005). Produtos naturais como herbicidas para o estabelecimento de árvores. Para. Int. J. For. Res., 78, 1-9.

181. Ismail, A., Hamrouni, L., Hanana, M., Jamoussi, B. (2013). Revisão sobre os efeitos fitotóxicos dos óleos essenciais e seus componentes individuais: Nova abordagem para o manejo de ervas daninhas. Int. J. Appl. Biol. Pharm. Technol., 4, 96-114.

182. Arnason, T., Towers, G.H.N., PhilogÈNe, B.J.R., Lambert, J.D.H. The role of natural photosensitizers in plant resistance to insects. Em Plant Resistance to Insects; American Chemical Society: Washington, DC, EUA, 1983, 208, pp. 139-151.

183. Torres, G. (2011). Interações da luz com fitoquímicos em alguns sistemas naturais e novos. Can. J. Bot., 62, 2900-2911.

184. Marchant, Y.Y., Cooper, G.K. Relações entre estrutura e função na fotoactividade do poliacetileno. Em Light-Activated Pesticides; American Chemical Society: Washington, DC, EUA, 1987, 339, pp. 241-254.

185. Das, K., Tiwari, R.K.S., Shrivastava, D.K. (2010). Técnicas de avaliação de produtos de plantas medicinais como agentes antimicrobianos: Métodos actuais e tendências futuras. J. Medic. Plants Res., 4(2), 104-111.

186. Nikhal, S.B., Dambe, P.A., Ghongade, D.B., Goupale, D.C. (2010). Extração hidroalcoólica de *Mangifera indica* (folhas) por Soxhletion. Inter. J. Pharm. Sci., 2(1), 30-32.

187. Ncube, N.S., Afolayan, A.J., Okoh, A.I. (2008). Técnicas de avaliação das propriedades antimicrobianas de compostos naturais de origem vegetal: Métodos actuais e tendências futuras. Afri. J. Biotec, 7(12), 1797-1806.

188. Banu, S.K., Catherine, L. (2015). Técnicas gerais envolvidas na análise fitoquímica. Inter. J. Adv. Res. Chem Sci., 2(4), 25-32.

189. Handa, S.S., Khanuja, S.P.S., Longo, G., Rakesh, D.D. (2008). Tecnologias de extração de plantas medicinais e aromáticas. Inter. Centre Sci High Techn., Trieste, 21-25.

190. Onuah, C.L., Chukwuma, C.C., Ohanador, R., Chukwu, C.N., Iruolarbe, J. (2019). Análise fitoquímica quantitativa de folhas de *Annona muricata* e *Artocarpus heterophyllus* usando cromatografia gasosa - detetor de ionização de chama. Tendências App. Sci. Rese., 14(2), 113-118.

191. Rahman, G., Syed, F., Samiullah, S., Nusrat, J. (2017). Triagem fitoquímica preliminar, análise quantitativa de alcalóides e atividade antioxidante de extratos vegetais brutos de *Ephedra intermedia* indígenas do Baluchistão. Hindawi Sci. World J., 1-7.

192. Galand, N., Pothier, J., Viel, C. (2002). Análise de drogas vegetais por cromatografia planar. J. Chromat. Sci., 40, 1-14.

193. Slavika, G., Brankica, T. (2013). Formulações de biopesticidas, possibilidade de aplicação e tendências futuras. J. Pesti. Enviro. Prot., 28(2), 97- 102.

194. Boate, U.R., Abalis, O.R. (2020). Revisão sobre as propriedades bio-insecticidas de alguns metabólitos secundários de plantas: Tipos, formulações, modos de ação, vantagens e limitações. Asian J. Res. Zool., 3(4), 27-60.

195. Gunasekara, A.S. (2005). Environmental fate of pyrethrins, Environmental Monitoring Branch, California Dept. Pesticide Regulation.

196. Liu, B., Chen, B., Zhang, J., Wang, P., Feng, G. (2017). O destino ambiental do timol, um novo pesticida botânico, no solo e na água da agricultura tropical. Toxicol. Environ. Chem., 99(2), 223-232.

197. Yang, X., Huang, Q., Jiang, T., Xu, H. (2017). Dinâmica de degradação de Azadirachtin em repolho e solo. J. South China Agric. Univ., 38(4), 37-40.

198. Grdiša, M., Grši 'c, K. (2013). Inseticidas botânicos na proteção de plantas. Agric. Conspect. Sci., 2, 85-93.

199. Sehrawat, A., Phour, M., Kumar, R., Sindhu, S.S. (2021). Biorremediação de Pesticidas: Uma abordagem ecologicamente correta para a sustentabilidade ambiental. Em: Panpatte, D.G., Jhala, Y.K. (eds) Rejuvenescimento microbiano do ambiente poluído. Microorganisms for Sustainability, vol. 25. Springer, Singapura.

200. Cyco'n, M., Piotrowska-Seget, Z. (2016). Microrganismos degradadores de piretróides e seu potencial para a biorremediação de solos contaminados: uma revisão, Front. Microbiol., 7, 1463.

201. Velázquez-Fernández, J. B., Martínez-Rizo, A. B., Ramírez-Sandoval, M., Domínguez-Ojeda, D. Biodegradation and Bioremediation of Organic Pesticides. In: Soundararajan, R. , editor. Pesticides - Recent Trends in Pesticide Residue Assay (Pesticidas - Tendências recentes no ensaio de resíduos de pesticidas) [Internet]. Londres: IntechOpen; 2012 [cited 2022 Sep 12]. Disponível em: https://www.intechopen.com/chapters/38062 doi: 10.5772/48631.

202. Ortiz-Hernández, M.L., Sánchez-Salinas, E., Dantán-González, E., Castrejón-Godínez, M.L. (2013). Biodegradação de pesticidas: mecanismos, genética e estratégias para melhorar o processo, Biodegrad. Life Sci., 251-287.

203. Enan, E., Beigler, M., Kende, A. (1998). Ação inseticida de terpenos e fenóis em baratas: efeito nos receptores de octopamina. Trabalho apresentado no Simpósio Internacional sobre Proteção das Plantas, Gent, Bélgica.

204. Stroh, J., Wan, M.T., Isman, M.B., Moul, D.J. (1998). Avaliação da toxicidade aguda para o salmão-coho juvenil do Pacífico e para a truta arco-íris de alguns óleos essenciais de plantas, de um produto formulado e do veículo. Bull. Environ. Contam. Toxicol., 60, 923-930.

205. Misra, G., Pavlostathis, S.G. (1997). Cinética de biodegradação de monoterpenos em sistemas líquidos e de solo-lama. Appl. Microbiol. Biotechnol., 47, 572-577.

206. Huang, M.T., Ferraro, T., Ho, C.T. (1994). Cancer chemoprevention by phytochemicals in fruits and vegetables. Am. Chem. Soc. Symp. Ser., 546, 2-15.

207. Isman, M.B. (2000). Óleos essenciais de plantas para a gestão de pragas e doenças. Crop Prot., 19(8-10), 603-608.

208. Shaaya, E., Kostjukovsky, M. (1998). Eficácia dos fito-óleos como insecticidas de contacto e fumigantes para o controlo de insectos de produtos armazenados. In: Ishaaya, I., Degheele, D. (Eds.), Insecticides with Novel Modes of Action. Mechanisms and Application. Springer, Berlim, pp. 171-187.

209. Devrnja, N., Milutinovi'c, M., Savi'c, J. (2022). Quando o cheiro se torna uma arma - Óleos essenciais de plantas como bioinseticidas potentes. Sustentabilidade, 14, 6847.

210. Chaudhari, A.K., Singh, V.K., Kedia, A., Das, S., Dubey, N.K. (2021). Óleos essenciais e seus compostos bioativos como novos pesticidas verdes ecologicamente corretos para o manejo de pragas de insetos de armazenamento: perspectivas e retrospectivas. Environ. Sci. Pollut. Res., 28, 18918-18940

211. Sahu, U., Malik, T., Ibrahim, S.S., Vendan, S.E., Karthik, P. (2022). Gestão de pragas com nanoemulsões verdes, Editor (s): Kamel A. Abd-Elsalam, Kasi

Murugan, Em Nanobiotecnologia para Proteção de Plantas, Nanoemulsões de Base Biológica para Aplicações Agroalimentares, Elsevier, Páginas 177-195.

212. Kumari, A., Yadav, S.K., Yadav, S.C. (2010). Sistemas de administração de medicamentos baseados em nanopartículas poliméricas biodegradáveis. Colloids Surf, 75(1), 1-18.

213. São Pedro, A., Santo, I.E., Silva, C., Detoni, C., Albuquerque, E. (2013). O uso da nanotecnologia como abordagem para formulações à base de óleos essenciais com atividade antimicrobiana. In: Méndez-Vilas A, editor. Patógenos microbianos e estratégias para combatê-los: Ciência, Tecnologia e Educação. Zurbaran, Badajoz, Espanha: Centro de Investigação Formatex, pp. 1364-1374.

214. Anjali, C.H., Sudheer Khan, S., Margulis-Goshen, K., Magdassi, S., Mukherjee, A., Chandrasekaran, N. (2010). Formulação de nanopermetrina dispersível em água para aplicações larvicidas. Ecotox. Environ. Segurança, 73, 1932-1936.

215. Ibrahim, S., Salem, N., Abd ElNaby, S., Adel, M. (2021). Caracterização de nanopartículas carregadas com óleo essencial de alho e sua atividade inseticida contra *Phthorimaea Operculella* (Zeller) (PTM) (Lepidoptera: Gelechiidae). Int. J. Nano. Nanotec., 17(3), 147-160.

216. Sabbour, M.M.A. (2019). Eficácia dos óleos naturais contra a atividade biológica em *Callosobruchus maculatus* e *Callosobruchus chinensis* (Coleoptera: Tenebrionidae). Boletim. Centro Nacional de Investigação, 43, 206.

217. Sabbour, M.M.A. (2020). Eficácia de certos óleos essenciais nano-formulados no escaravelho da farinha vermelha *Tribolium castaneum* e no escaravelho da farinha confusa, *Tribolium confusum* (Coleoptera: Tenebrionidae) em condições laboratoriais e de armazenamento. Bull. Centro Nacional de Investigação, 44, 111.

218. Werdin-Gonzalez, J.O., Gutiérrez, M.M., Ferrero, A.A., Band, B.F. (2014). Nanoformulações de óleos essenciais para controle de pragas de produtos armazenados - caraterização e propriedades biológicas. Chemosphere, 100, 130-138.

219. Yang, F.L., Li, S.G., Zhu, F., Lei, C.L. (2009). Caracterização estrutural de nanopartículas carregadas com óleo essencial de alho e sua atividade inseticida contra *Tribolium castaneum* (Herbst) (Coleoptera: Tenebrionidae). J. Agr. Food Chem, 57, 10156-10162.

220. Ibrahim, S.S. (2022). Nanocápsulas de polietilenoglicol contendo óleo essencial *de Syzygium aromaticum* para o manejo da broca menor do grão, *Rhyzopertha dominica*. Food Biophysics, https://doi.org/10.1007/s11483-022-09738-7.

Lista de conteúdos

Printed by Books on Demand GmbH, Norderstedt / Germany